U0253055

# 像鸟儿一样居住

VINCIANE DESPRET

HABITER EN OISEAU

［比］

## 文西安娜·德普雷

著

陈赛娅 译

中国出版集团 东方出版中心

# 走向旷野，万物共荣

2021 年，当东方出版中心的编辑联系我，告知社里准备引进法国南方书编出版社（Actes Sud）的一套丛书，并发来介绍文案时，我一眼就被那十几本书的封面和书名深深吸引：《踏着野兽的足迹》《像冰山一样思考》《像鸟儿一样居住》《与树同在》……

自一万多年前的新仙女木事件之后，地球进入了全新世，气候普遍转暖，冰川大量消融，海平面迅速上升，物种变得多样且丰富，呈现出一派生机勃勃的景象。稳定的自然环境为人类崛起创造了绝佳的契机。第一次，文明有了可能，人类进入新石器时代，开始农耕畜牧，开疆拓土，发展现代文明。可以说，全新世是人类的时代，随着人口激增和经济飞速发展，人类已然成了驱动地球变化最重要的因素。工业化和城市化进程极大地影响了土壤、地形以及包括硅藻种群在内的生物圈，地球持续变暖，大气和海洋面临着各种污染的严重威胁。一方面，人类的活动范围越来越大，社会日益繁荣，人丁兴旺；另一方面，耕种、放牧和砍伐森林，尤其是工业革命后的城市扩张和污染，毁掉了数千种动物的野生栖息地。更别说人类为了获取食物、衣着和乐趣而进行的大肆捕捞和猎杀，生物多样性正面临崩塌，许多专家发出了"第六次生物大灭绝危机"悄然来袭的警告。

"人是宇宙的精华，万物的灵长。"从原始人对天地的敬畏，到商汤"网开三面"以仁心待万物，再到"愚公移山"的豪情壮志，以人类为中心的文明在改造自然、征服自然的路上越走越远。2000 年，为了强调人类在地质和生态中的核心作用，诺贝尔化学奖得主保罗·克鲁岑（Paul Crutzen）提出了"人类世"（Anthropocene）的概念。虽然"人类世"尚未成为严格意义上的地质学名词，但它为重新思考人与自然的关系提供了新的视角。

"视角的改变"是这套丛书最大的看点。通过换一种"身份"，重新思考我们身处的世界，不再以人的视角，而是用黑猩猩、抹香鲸、企鹅、夜莺、橡树，甚至是冰川和群山之"眼"去审视生态，去反观人类，去探索万物共生共荣的自然之道。法文版的丛书策划是法国生物学家、鸟类专家斯特凡纳·迪朗（Stéphane Durand），他的另一个身份或许更为世人所知，那就是雅克·贝汉（Jacques Perrin）执导的系列自然纪录片《迁徙的鸟》（*Le Peuple migrateur*，2001）、《自然之翼》（*Les Ailes de la nature*，2004）、《海洋》（*Océans*，2011）和《地球四季》

（*Les Saisons*，2016）的科学顾问及解说词的联合作者。这场自 1997 年开始、长达二十多年的奇妙经历激发了迪朗的创作热情。2017 年，他应出版社之约，着手策划一套聚焦自然与人文的丛书。该丛书邀请来自科学、哲学、文学、艺术等不同领域的作者，请他们写出动人的动植物故事和科学发现，以独到的人文生态主义视角研究人与自然的关系。这是一种全新的叙事，让那些像探险家一样从野外归来的人，代替沉默无言的大自然发声。该丛书的灵感也来自他的哲学家朋友巴蒂斯特·莫里佐（Baptiste Morizot）讲的一个易洛魁人的习俗：易洛魁人是生活在美国东北部和加拿大东南部的印第安人，在部落召开长老会前，要指定其中的一位长老代表狼发言——因为重要的是，不仅是人类才有发言权。万物相互依存、共同生活，人与自然是息息相关的生命共同体。

启蒙思想家卢梭曾提出自然主义教育理念，其核心是："归于自然"（Le retour à la nature）。卢梭在《爱弥儿》开篇就写道："出自造物主的东西都是好的，而一到了人的手里，就全变坏了……如果你想永远按照正确的方向前进，你就要始终遵循大自然的指引。"他进而指出，自然教育的最终培养目标是"自然人"，遵循自然天性，崇尚自由和平等。这一思想和老子在《道德经》中主张的"人法地、地法天、天法道、道法自然"不谋而合，"道法自然"揭示了整个宇宙运行的法则，蕴含了天地间所有事物的根本属性，万事万物均效法或遵循"自然而然"的规律。

不得不提的是，法国素有自然文学的传统，尤其是自 19 世纪以来，随着科学探究和博物学的兴起，自然文学更是蓬勃发展。像法布尔的《昆虫记》、布封的《自然史》等，都将科学知识融入文学创作，通过细致的观察记录自然界的现象，捕捉动植物的细微变化，洋溢着对自然的赞美和敬畏，强调人与自然的和谐共处。这套丛书继承了法国自然文学的传统，在全球气候变化和环境问题日益严重的今天，除了科学性和文学性，它更增添了一抹理性和哲思的色彩。通过现代科学的"非人"视角，它在展现大自然之瑰丽奇妙的同时，也反思了人类与自然的关系，关注生态环境的稳定和平衡，探索保护我们共同家园的可能途径。

如果人类仍希望拥有悠长而美好的未来，就应该学会与其他生物相互依存。"每一片叶子都不同，每一片叶子都很好。"

这套持续更新的丛书在法国目前已出二十余本，东方出版中心将优中选精，分批引进并翻译出版，中文版的丛书名改为更含蓄、更诗意的"走向旷野"。让我们以一种全新的生活方式"复野化"，无为而无不为，返璞归真，顺其自然。

是为序。

黄　莛

2024 年 7 月，和园

献给

唐娜·哈拉维　布鲁诺·拉图尔　伊莎贝尔·斯唐热

# 目　录

# 一级和弦

# 对 位

> 天地之间（这正是鸟儿所处的位置）还有许多
> 事情是我们无法用哲学来轻易解释的。
>
> ——埃蒂安·苏里奥（Étienne Souriau）[1]

故事要从一只乌鸫说起。时隔数月，我房间的窗户第一次敞开着，这是战胜冬天的一个标志。乌鸫的歌声在黎明时分吵醒了我。它全心全意地唱着，用尽全力，使出了浑身解数。另一只鸟儿在不远处回应它，声音或许就来自附近的一个烟囱。我无法重新入睡。哲学家埃蒂安·苏里奥会说这只乌鸫是用身体的热情在唱歌，就像完全沉浸在游戏和模仿之中的动物会做的那样。[2]但是，让我保持清醒的既不是这种热情，也不是一次成功的进化——脾气暴躁的生物学家会嫌弃这种进化过于嘈杂——而是这只乌鸫能够持续集中注意力来变换每一组音符。在听到第二还是第三声鸣啭时我就被这部有声小说俘获了，每一段旋律过后我都会在心中默念："然后呢?"每一次模进①都与上一次不同,以前所未有的对位②形式被创作出来。

从那天起,我每晚都会把窗户敞开。那天早晨之后,我每次失眠都会怀着同样的喜悦、同样的惊喜、同样的期待,这让我睡意全无(甚至不希望再次入睡)。那鸟儿唱着歌,但在我看来,从来没有什么歌声可以如此接近言语。这是句子,我们能够听得懂,这些句子抓住了我的耳朵,正好触及了语言文字所能触及的地方;在这种尽量不重复的努力之中,歌声从未如此不像歌声。这是言语,但处在美的张力之下,其中的每一个词都很重要。此时万籁俱寂,似乎连寂静本身都屏住了呼吸,为了配合这歌声而颤抖。我有了一种最强烈、最明显的感觉,那就是整个地球的命运,又或许是美的存在本身,在那一刻,都落在了这只乌鸫的肩上。

埃蒂安·苏里奥谈到了"身体的热情";我从作曲家伯纳德·福特(Bernard Fort)那里得知,一些鸟类学家

---

① 模进(séquence),亦称移位,是音乐创作中一种常用的发展旋律的手法,指的是将旋律的某个片段作为原型,移到不同音高上进行重复,它能使旋律在保持音调统一的基础上,产生新的变化,增添新的色彩。本书脚注均为译者注。

② 对位(contrepoint),复调音乐的一种作曲技巧,指的是把两个或几个有关但独立的旋律合成一个单一的和声结构,而每个旋律又保持自己的线条或横向的旋律特点。本书每章中都有一篇"对位",可深化主题,起到承上启下的作用。

在提到云雀时会使用"激昂"一词。[3] 而要说乌鸫，关键词应该是"重要"。有些东西很重要，甚于其他一切，除了唱歌以外，再没有什么是重要的了。通过乌鸫的歌声我们可以想象这是一件多么紧要的事情，这种紧迫感渗入了歌声之中，裹挟着歌声，将其送往更远的地方，送到其他人那里，送到其他乌鸫那里，送进我为了听清这歌声而绷紧的身体里，送到它力量所能承受的极限之处。我感受到了一种彻底的宁静，身处窗外的城市环境之中无疑是不可能有这种感受的，这或许证明，这一紧迫感完全感染了我，以至于我再也听不到歌声以外的任何声音了。这歌声给我带来了宁静。这种紧迫感触动了我。

这歌声之所以能够如此触动我，或许是因为我不久前读了唐娜·哈拉维（Donna Haraway）的《同伴物种宣言》（*Manifeste des espèces compagnes*）。[4] 在这本十分精美的书中，这位哲学家谈到了她和自己的狗卡耶的关系。她讲述了这些关系如何深刻影响了自己与其他生命——或者更准确地说，是与"其他重要的生命"——建立联系的方式，她是如何学会更加专注于这个世界，更好地去倾听，更有好奇心，以及她是多么希望自己和卡耶经历的一切能激励更多人去接触那些将来有一天也会变得重要的生命。哈拉维的这本书所做的，并且我在自己的这次经历中也发现其效力的，是唤起、引导、带来了其他关注模式，并使之成为理想模式[5]，然后邀请人们注意

5

这些关注模式。不是要让大家变得更敏感（这是一个相当方便的大杂烩式说法，但也可能惹人厌恶），而是要让大家去学习，变得有能力给予关注。给予关注在这里有双重含义，一方面是"付出自己的注意力"，另一方面是要认识到其他生命是如何引起注意的。这是宣告其重要性的另一种方式。

民族学家丹尼尔·法布尔（Daniel Fabre）常说，他的工作旨在研究阻碍人们入睡的一切变化。人类学家爱德华多·维韦罗斯·德·卡斯特罗（Eduardo Viveiros de Castro）为人类学提出了一个非常相似的定义："人类学是针对重要变化的研究。"他还写道："如果有什么任务是理所当然属于人类学的，那并不是解释他者的世界，而是要让我们的世界变得更加丰富多彩。"[6] 我相信许多观察和研究动物的动物行为学家——就像在他们之前对此十分上心的博物学家一样——都向我们提出了一个类似的计划：要意识到，并且增加存在的方式，即"体验、感受的方式以及赋予事物以意义和重要性的方式"[7]。动物行为学专家马克·贝科夫（Marc Bekoff）曾说，每一种动物都是了解世界的一种方式，这也是同样的道理。科学工作者自然不能吝惜解释，但解释的形式可以多种多样，他们可以将复杂的故事重组为生命的种种冒险，这种生命固执地尝试着每一种可能的变化；他们也可以试图揭开各种问题之谜，而针对这些问题某些动物已经

6

给出了解决办法；他们还可以努力找一个放之四海而皆准的理论。简而言之，有的解释让世界更加丰富多彩，并尊重无数存在方式的出现，而有的解释则注重秩序，提醒人们注意一些基本原则。

乌鸫已经开始唱歌了。在那一刻，对它来说只有一件事情是重要的，它的首要任务就是让别人听到自己的声音。它是在为冬天的结束而欢呼吗？它是在为自己的存在、为重生的喜悦而歌唱吗？它是在向宇宙表达赞美之情吗？科学工作者可能不会这样说。但他们可以肯定，初春的所有宇宙力量都为乌鸫的蜕变提供了首要条件。[8]因为这的确是一种蜕变。这只乌鸫或许安安静静地度过了冬天，尽管困难重重，它还时不时对同类有些许不满，但它努力保持谨慎，过着平淡的生活，正是这只鸟儿，它现在栖息在它能找到的最高、最显眼的地方，拼命唱着歌。在过去的几个月里，乌鸫所能体验和感受到的一切，在此之前赋予事物与他者以意义的一切，现在都让位给了一件截然不同的、迫在眉睫的、要求严格的重要事情，这将彻底改变它的存在方式：它成了领域的捍卫者。

# 第一章　领域

Unicum arbustum haud alit

Duos erithacos

一树不蔽二鸲

——来自以弗所的泽诺多托斯（Zenodotus）

（古希腊哲学家，公元前 3 世纪）

真正让科学家感到好奇甚至震撼的，正是这种行为上的巨大变化。冬天的时候我们会看到一些鸟类和谐共处，并肩飞翔，共同觅食，偶尔为了一些看起来无关紧要的小事而争吵，它们怎么会突然之间就反目成仇了？这些鸟类离群索居，各自划出一块地盘，并在高处不断歌唱。它们似乎无法再忍受同类的存在，一旦有鸟类胆敢越界，就会遭到疯狂的威胁和攻击，虽然我们无法用肉眼看见界线，但看来的确是有一条非常明确的分界线存在。鸟类的怪异行为令人吃惊，但更令人吃惊的是它

8

们面对外来者时所表现出的攻击性、坚决性和好斗性，尤其是后来被人们称作"纷繁复杂"到令人难以置信的歌声和姿态——五颜六色的羽毛，各式各样的舞蹈和飞翔姿势，还有各种夸张至极的动作，所有一切都令人叹为观止，少了哪一样都不会如此壮观。同样令人感到惊讶的，还有鸟类为安家而进行的一系列复杂操作。1920年，亨利·艾略特·霍华德（Henry Eliot Howard）居住在英国伍斯特郡的乡下，他这样描述了在家附近观察到的一只雄性芦鹀的领域发展：这只鸟儿在一片长着小桤木和柳树的沼泽地里安定下来，那里的任何一棵树都可以用来栖息和观察周围环境，但芦鹀只会选择其中一棵，将其作为与所占领域相连的最重要据点，即霍华德所说的"总部"，鸟儿就在这里歌唱，以此来警告其他同类自己的存在，观察邻居的动向，它也从这里出发去觅食。我们可以从成为领域中心的地方观察到鸟儿真正的日常：鸟儿离开这棵树，栖息到稍远一点的灌木丛中，再飞到更远一点的灯芯草上，然后回到这棵树上。它朝着各个方向重复这一路线，动作规律得惊人。鸟儿通过这种重复划出了自己的领域，并逐步确立界线。

像这样的相关描述没过多久就开始大量涌现，因为霍华德掀起了一场真正意义上的研究热潮，这一领域的所有科学工作者都承认他才是名副其实的奠基者。在1920年出版的《鸟类生活中的领域》（*Territory in Bird*

*Life*）一书中，霍华德不仅展开了细致入微的描述，还提出了一套逻辑严密的理论来解释这些观察结果：鸟类捍卫一片领域是为了有地方交配、筑巢、保护幼崽，并能够找到足够的食物来喂养整窝雏鸟。

一方面，我想指出的是，霍华德并非专业的科学家，而是热衷观察鸟类的博物学爱好者，他每天早晨上班之前都会花几个小时观鸟。但科学家们会继续他的探索，并将他视作这一全新研究领域的真正先驱。按照霍华德的设想，领域问题能够成为一个很好的科学研究对象：可以借助领域在物种生存方面所发挥的"功能"来解释领域问题本身。此外，为了纪念领域这一研究对象进入科学界，鸟类学家将在霍华德之前的理论尝试统称为"前领域时期"。另一方面，还应该指出的是，霍华德其实并不是第一个将捍卫领域的行为所发挥的功能与繁殖需求联系起来的。在他之前已经有两个人这样做过：一个是德国动物学家伯纳德·阿尔图姆（Bernard Altum），早在1868年他就在著作中提出了详细的领域理论，但这本书过了很久才被翻译过来；另一个是业余爱好者查尔斯·莫法特（Charles Moffat），一位热爱自然史的记者，1903年，他将自己的研究成果发表在了一份不太出名的爱尔兰杂志《爱尔兰博物学家杂志》（*Irish Naturalists' Journal*）上，其成果至今仍不为科学界所知。如果说霍华德是公认的该研究领域的真正先驱，那首先是因为他的作品最先被英美鸟类学家读到，为当时存在大量零星假设的学界带来了详细而统一的理论。[9] 其次是因为，在他之后，一种新的研究方法被迅速传播开来，即研究鸟类个体的生活史。这一点很重要，人们关注的不再仅仅是"史"，还有鸟类的"生命"——不要忘了，在此之前，许多鸟类学家和业余爱好者研究鸟类时一般都会杀死它们或者取走鸟蛋，或用于收藏，或发展分类。

因此，科学家所说的领域理论的"前领域时期"指的就是观察相对零散、没有真正理论阐述的阶段。比如，我在题记中引用的泽诺多托斯的那句格言，就先入为主地认为歌鸲喜欢独来独往，这一点我们会在后文展开讨论。在泽诺多托斯之前，亚里士多德就在《动物志》（*Historia Animālium*）中提到，动物——这里指的是老鹰——会捍卫能为它们提供充足食物的空间。他还注意到，在一些食物匮乏的地方只能找到一对乌鸦。

有些人认为，领域首先与雄鸟为争夺雌鸟而展开的竞争有关。雄鸟捍卫一片空间要么是为了确保独占在此处安家的雌鸟，这是关于嫉妒的问题，要么就是为了有一个"自我推销"的场所，能够有地方唱歌儿，卖弄自己，以吸引一个潜在的伴侣。这是莫法特的假设之一。在这种情况下，与其说领域是一片空间，不如说是一个行为整体。

毫不意外的是，歌鸲喜欢独来独往这一假设未能在任何科学著述中获得一席之地。相反，领域能够确保鸟类独占生存所需资源这一假设则在很长一段时间内被认为是合理的，并得到了许多鸟类学家的青睐。而领域与为争夺雌性而展开的竞争有关这一论断则长期主导着前领域时期（尤其受到达尔文的青睐）。尽管这一论断非常有争议，却一直没被抛弃，还经常以种种形式出现在科学家的著作中——或许是因为有些人被极富戏剧性的竞争所吸引，还有一些人（有时是同一批人）无法摆脱雌鸟只是雄鸟的资源这一想法。但霍华德对为争夺雌鸟而展开竞争的假设提出了强烈质疑，因为这与他的一些观察结果相悖。他还写道，只有当人们认为冲突只是雄鸟的事情时，这一假设才立得住。但正如他所指出的那样，在一些物种中，雌鸟会与雌鸟打斗，一对鸟儿会与另一对鸟儿打斗，有时甚至成对的鸟儿会攻击单独的雄鸟或雌鸟。而且一些物种在迁往繁殖地时，有时雄鸟会比雌鸟早得多抵达，并立即展开敌对行动，这又要作何解释？但不管怎么说，捍卫领域的还是雄鸟。正如霍华德所说，如果雌鸟也采取同样做法，为自己划出一片领域远离同类，那雌鸟与雄鸟就永远都不会相遇了！

因此，鸟类会建立自己的生活区域并捍卫自己的专属权利这一想法并不新鲜，亚里士多德和泽诺多托斯以及后来者都已对此展开过论证。但是"领域"（territoire）这一概念并未被提及，而是直到 17 世纪才第一次出现在与鸟类相关的描述中。1941 年，美国鸟类学家玛格丽特·摩士·尼斯（Margaret Morse Nice）出版了一本关于领域发展史的书，她指出，与领域相关的概念首次出现是在约翰·雷（John Ray）于 1678 年出版的一本英文著作《弗朗西斯·威勒比的鸟类学》（*The Ornithology of Francis Willughby*）中——正如作品标题所示，雷的这本书实际上是对其好友弗朗西斯·威勒比研究成果的汇编。在谈到夜莺时，雷引用了乔瓦尼·彼得罗·奥利纳（Giovanni Pietro Olina）的话，奥利纳于 1622 年在罗马出版了一部鸟类学论著——《鸟笼，或关于各种鸟类的天性与特质的论述》（*Uccelliera, ovvero, Discorso della natura, e proprietà di diversi uccelli*）。这原是一本关于捕鸟术的书，介绍了各种各样捕捉和照顾鸟类的方法，指导人们建立大型鸟舍。奥利纳提道："夜莺的天性就是每到一个地方就占领或抢夺一块地盘，并且不允许除自己配偶以外的其他任何夜莺进入。"雷还提到了这样一个事实——同样是根据奥利纳的说法——"夜莺有一个特点，就是不能容忍在其居住的地方有其他雄性同类，若有违反者，它就会对其展开全力攻击"[10]。但在鸟类学家蒂姆·伯克海德（Tim Birkhead）和索菲·凡·巴伦（Sophie Van Balen）看来[11]，在奥利纳之前，安东尼奥·瓦利·达·托迪（Antonio Valli da Todi）早在 1601 年就出版了一本关于鸟类歌声的书，从观察结果的相似性上来看，我们甚至可以认为奥利纳抄袭了托迪：雄性夜莺"会选择一块地盘，除了自己的配偶之外，它不希望其他任何夜莺进入，一旦有人侵者，它就会在这个地方的中心用歌声警告对方"。托迪观察到，这片领域的半径差不多就是用力抛掷石子的距离，他以此来估算其面积。值得一提的是，托迪作品的大部分信息也是源自曼兹尼（Manzini）1575 年出版的作品，但曼兹尼并没有提到领域问题。

当然，我们可以仔细思考一个巧合："领域"一词很容易让人联想到"占有的专属区域"，这一术语从 17 世纪开始出现在鸟类学文献中，在菲利普·德科拉（Philippe Descola）和许多法律史学家看来，就是从那时开始，现代人将对土地的使用简化为了一个单一的概念，即"占为己有"。[12] 德科拉强调，这一概念已经被充分引用，如今难以用其他术语来替代。简而言之，占有的概念虽然源于 16 世纪的神学，但却是从格劳秀斯（Grotius）和自然法学那里发展起来的。[13] 它将所有权重新定义为个人权利，它基于一种契约思想，即将人类重新定义为个体的人而非社会的人（罗马法中的"所有权"是共享而非个人行为的结果，这种共享得到法律、习俗和法庭的保障）；基于一种新的土地开发技术，即划分土地，分归个人所有；还基于一种主体哲学理论，即占有性个人主义，这种理论将政治社会重组为保护个人所有权的一种手段。我们很清楚所有权这一新概念带来的严重后果，知道其促进了什么，破坏了什么。我们了解圈地运动的历史，成群的农民被赶出他们一直耕种的土地，并被禁止从森林中获取他们赖以生存的资源。随着新的所有权概念的出现，我们目睹了如今所谓的"公有地"被铲除，这些公有地原本是供集体使用的，人们自发组织、互相协调，以便共同使用公共资源，如灌溉渠、公共牧场和森林……[14] 卡尔·波兰尼（Karl Polanyi）写道："英国在 1600 年还有一半可耕地属于集体，到 1750 年只剩下四分之一，到了 1840 年几乎完全没有了。"[15] 几个世纪以来，人们发明并发展了各种各样在土地上生活和分享土地的方式，如今只有所有权的概念依然存在，尽管有时权利会受到一定限制，但总是被定义为使用甚至滥用土地的专属权利。

然而，如果回到鸟类，说回夜莺和歌鸲，那我就不确定时间上的巧合能否说明什么问题了，这样思维就太跳跃了，比如，会忽略一个事实，即"领域"这一术语并不是在所有与动物相关的描述中都会出现，而只是出现于有关如何将鸟类养在鸟舍的描述中，当然，描述的是占有的做法，是如何将鸟类关进笼子里，将其监禁，但这些做法也是为了让鸟类脱离领域，生活在"我们家里"，在"我们的"领域上。如果我想用这个巧合作为开始，来讲述领域的故事，那我是否也应该提到，捕鸟术最初是为了保护庄稼不受鸟类侵害？我是否也应该强调，捕鸟术因此也与狩猎和驯隼术有关，且这些技艺都要求我们善用计谋并对动物习性了如指掌？正因如此，在14世纪，人们就是利用镜子来抓捕雉鸡的，因为据观察，"雄性雉鸡不能忍受另一只雄性雉鸡的存在"，会立刻找对方的麻烦。人们用绳子绑住一面镜子，雉鸡看到镜子里的自己后误以为是同类，就会攻击镜子，将其撞倒，这时会掉下来一个笼子将雉鸡罩住。但如果要讲述这个故事，我还应该指出：正是在17世纪，捕鸟术才从驯隼术中脱离出来，人类大量捕鸟不再仅仅是为了杀死它们，而是为了享受与它们生活在一起，听它们唱歌的乐趣。[16]这种养鸟的空前热情主要是针对鸣禽的，也就是说，大多是有领域意识的鸟类。因此大量探讨这些鸟类的特性、习惯、捕捉方法以及饲养方法的专论纷纷问世。或许我还需要更多的故事来巩固这一巧合，想出其他方式来将这两个事件联系起来，为这个我知之甚少的世界注入活力，虽然我不太了解鸟类世界，但在这次的调查中却继承了前人的相关研究。不过，如果我做不到，如果我不得不将这个巧合留作一个悬而未决的问题，那我依然会心怀感恩，因为这个过程提高了我的警惕性："领域"这一术语并不是单纯无害的，我绝不能忘记为占据领域而使用的暴力行为及其造成的破坏，"领域"一词如今的某些定义就由此而来。这一术语引起的惯性思维无非就是那么几种，就像17世纪以来在土地上居住和分享土地的方式一样屈指可数。

因此，我要小心谨慎，要有好奇心。我的确发现了一些术语的用法至少可以说是模棱两可的，例如，雄鸟"要求得到"空间，并确立对空间的"占有"，又或者蜂鸟捍卫"私家猎场"。在这样的叙述中，鸟类捍卫领域的行为展现出了如此明显且看起来目标如此明确的攻击性，这就引起了一些观察者的注意，更何况这些观察者还是从竞争的一般模式去理解的，倾向于从字面上解释，强调这些术语令人厌恶的一面。一些鸟类学家用来形容鸟类行为的词语都是意味深长的，甚至是带有战争和军事色彩的：冲突、战斗、挑战、争吵、攻击、追逐、巡逻、领域防卫、总部（通常指领域中心，即鸟类经常歌唱的地方）、战斗妆（指的是捍卫领域的鸟类的羽毛颜色）……但很快，一些鸟类学家就对这些术语的使用提出了质疑，不是因为鸟类被拟人化了，而是因为这些词语让人们更多关注到了领域化过程中鸟类的竞争性和攻击性行为，而忽略了在他们看来至关重要的其他方面。

除此之外，我在调查中还发现，很少有鸟类学家从"财产"的角度阐释领域的概念，大多数人都是沿用美国动物学家格拉德温·金斯利·诺布尔（Gladwyn Kingsley Noble）于 1939 年提出的定义，即"领域就是任何被捍卫的地方"，因为这一定义至少足够审慎，几乎可以用来描述领域的所有情况。根据不同的理论，还可以增加一些功能性描述：捍卫一个地方是为了确保有充足的食物，为了繁殖的时候不被干扰，为了能够"自我推销"，即雄鸟通过展示自我、炫耀身形、高声歌唱来确保独占雌鸟，或者保证每年都能有一个稳定的约会地点。还有其他许多功能我们将在第二章展开。很快，鸟类学家就意识到，建立领域的方式并不是单一的，领域化的形式应该是多种多样的。随着越来越多鸟类占据领域的方式被发现，"被积极捍卫的地方"这一定义产生了许多细微的变化。比起我们根据最初的观察结果所想象的，边界被证明要更有弹性、更可商量、更可渗透。而且令人惊讶的是，一些研究人员得出结论，对很多鸟类来说，边界的功能并不仅仅是抵御外敌入侵和确保独占某个地方。所有这些都会在后文展开讨论。

因此，领域的概念要更为宽泛，远不只是简单的财产问题。一些鸟类学家还煞费苦心地指出，鸟类的领域和人类的领域含义并不相同。例如，霍华德强调，领域首先是一个步骤，或者更准确地说，是繁殖周期所涉及过程的一部分："这样考虑，我们就能避免将'捍卫领域'的行为看作鸟类生活中的一个独立事件，我也希望，当我们用'领域'一词来描述人类而非动物的各种进程时，可以因此避免基于字面意思的阐释。"[17]霍华德在几页之后又补充道，他所谓的倾向于保留一块领域指的是倾向于在特定的时间待在特定的地点。动物行为学之父康拉德·洛伦茨（Konrad Lorenz）也坚持要区分"领域"与"财产"，指出"我们不能将领域想象成由地理界线划分出来并登记在土地册上的财产"[18]，虽然他的著作《论攻击——罪恶的自然史》（*L'Agression. Une histoire naturelle du mal*）也完全没能摆脱一些实在可疑且没什么问题价值的类比。他补充道，在某些情况下，对某些动物来说，领域可能更多是与时间而不是空间相联系。例如，猫类有一个所谓的"使用时间表"：同一空间没有被分割，而是按照时间顺序共享。猫每隔一段时间就会留下气味做标记。其他猫闻到气味就能知道这标记是何时留下的，如果是刚留下的，它就会改变自己的路线，如果是几小时前留下的，它就能安心地继续前行。洛伦茨表示，这些标记能防止两只猫迎面碰上，就像铁路信号灯能防止两辆火车相撞一样。

然而，洛伦茨对可能出现的误解所采取的谨慎态度（谨慎是相对的，因为在同一页上我们还能发现他将领域看作"总部"）并不像前文描述的那样从一而终。我谈到了鸟类学家，但对动物领域感兴趣的并不是只有他们。俗话说，事情，就是从这里开始变糟的。[19]

例如在鸟类学家玛格丽特·尼斯（Margaret Nice）编写的领域发展史中，我发现了瓦尔特·希柏（Walter Heape）的一段话，20 世纪 20 年代末，他在一本关于迁入、迁出和游牧生活的书中写道："领域权是大部分动物的既定权利。毫无疑问，所有动物都会渴望获得特定的领域，在必要时都会通过战斗坚决捍卫领域，都承认个体和部落的领域权利。事实上，我们可以说，承认领域权是文明最重要的标志之一，这并不是人类独有的，而是所有动物生活史中固有的一个要素。"[20] 我是否应该说明希柏并非鸟类学家，而是胚胎学家？我是否也应该把我的一些调查结果考虑在内：希柏在 1890 年首次成功将一只安哥拉兔的胚胎移植到另一只雌性家兔的子宫内，这只家兔是一只比利时兔，三小时前刚和同类交配，希柏因此闻名世界，这些重要吗？这次成功的跨物种移植（移植手术后诞生的两只安哥拉小兔子和两只比利时小兔子可以证明他的成功）是否会让希柏信心大增，甚至斗胆开始专注于其他类型的移植，而忽略了这是完全不同性质的风险，需要采取其他预防措施？我这么假设自然是夸大其词了，其实在某种程度上，我自己也在故意跨越边界，没有采取适当的预防措施，写一些没有经过好好品味的段落。因为在类比和比较中涉及的不仅是一个政治性的或认识论的风格问题，还涉及品味问题。伊莎贝尔·斯唐热（Isabelle Stengers）在解读康德的"sapere aude"，即"敢于求知"时，提议回到罗马诗人贺拉斯的原意"敢于品味"。她写道："学会求知，就是学会辨别，学会识别什么是重要的，了解差异是如何起作用的，并且在学习过程中还要承受相遇带来的风险和影响，也就是说，在面对我们想要了解的生物时，我们要与对这些生物来说天生就很重要的各种因素以及因为它们而变得重要的一切建立联系。这是一门关于后果的艺术。"[21]

正因如此，我在阅读米歇尔·塞尔（Michel Serres）的《私有的恶》（*Le Mal propre*）[22] 一书时感到十分沮丧。让我感到更加沮丧的是，在此之前，塞尔一直努力将各种问题与概念"去领域化"，将它们从原来所依附的学科和时间性中抽离出来，这是一项大胆且富有想象力的创造性工作，是充满各种联系、关于各种翻译的工作，是建立丰富多样关系的工作。因此，当塞尔在《自然契约论》（*Le Contrat naturel*）[23] 一书中提出"为了能与我们人类达成契约性的理解，世界上的事物使用的是什么语言？"这一问题时，我们看到了一个名副其实的生成性类比网络的出现，这些类比丰富了比较的术语，通过建立各种联系，让我们意识到迄今为止未被感知的品质，还重新激活了物体与物体、生命体与生命体之间作用力与反作用力的交换：土地也是如此，塞尔告诉我们，土地通过力量、联系与相互作用的方式与我们进行对话。在后来的一部作品《达尔文、波拿巴和撒马利亚人：一种历史哲学》（*Darwin, Bonaparte et le Samaritain, une philosophie de l'histoire*）中，塞尔重新阐释了这一观点，这次他更精确地关注到了文字。他说，阅读并不仅仅局限于我们通常所理解的文字代码，这一点在优秀的猎人身上得到了体现，他们能够从野猪留下的痕迹中读出它的年龄、性别、体重、体型以及无数其他细节："优秀的猎人在读取信息之前会先学习如何读取。他破译的是什么？是一个编码后的脚印。而这个定义同样适用于历史上的人类文字。"[24] 塞尔继续写道，因为文字是世界上所有存在的特征，不论是生物还是非生物，他们都会"在物体上书写，为彼此书写，一些物体会在另一些物体身上书写"。海洋在悬崖峭壁上书写，细菌在我们的身体上书写，化石、侵蚀、地层、来自星系的光芒、火山岩的结晶……所有的一切都有信息供人解读。我们或许是在学会书写之前就先学会了阅读，这种可能性使得书写有了其他记载形式，例如，"将某种意义进行编码的一系列痕迹"。"如果历史从写作开始，那么一切科学就会和世界一起进入一段崭新的、没有任何遗忘的历史之中。"当然，塞尔这么说是有风险的，他将那些似乎注定毫不相干的东西通过自己的阐释联系起来——因为人类总是将各种记载形式分开来看待，认为这些都只是例外情况。这正是塞尔的动机所在，他想要摒弃总是将人类置于世界中心、置于叙事中心的可耻习惯，将历史向其他无数重要的存在开放，因为没有他们也就不会有我们。

而塞尔在《私有的恶》中谈到的又是另一个完全不同的主题，正如该书的副标题明确指出的那样：污染是为了占有？作者一开篇就将注意力放在了领域问题上：
"老虎会在巢穴四周撒尿，狮子和狗也是如此。还有很多
人类的表亲，也和这些食肉哺乳动物一样，会用自己刺
鼻、发臭的尿液或者嚎叫声来标记领域，但也有其他一
些动物，如燕雀和夜莺用的则是它们甜美的歌声。"[25] 根
据塞尔的说法，动物就是通过这些方式来选定一块地方，
建立自己的领域并能将其辨认出来。雄性利用自己的排
泄物来划定并捍卫这些地方，这就构成了各种各样的占
有方式，不论是对动物还是人类来说："谁在汤里吐了口
水，谁就留着这碗汤，没有人会再去碰被他以这种方式
污染了的沙拉和奶酪。为了占有某样东西，身体知道如
何留下一些个人的痕迹：在衣服上留下汗水，往菜肴里
吐口水或者脚踩到盘子里，气味或粪便，所有一切令人
讨厌的东西……"[26] 接着，塞尔注意到，表示所有关系的
动词"有"（avoir）和"居住"（habiter）有相同的拉丁
语词源。"早在史前时代，"他写道，"我们的语言就呼应
了巢穴和占有之间、居住和拥有之间的深刻关系。我住
故我有。"[27] 在塞尔看来，这种占有行为源自血统里的兽
性，与动物行为学，与动物的身体、生理、器官和生存
等相关，而不是来自习俗或某种积极的权利。他写道：
"从这之中我感受到，占有行为总是伴随着尿液、粪便、
血液、腐烂的尸体。"[28] 我说过，在这里，塞尔不再是要
与人类中心主义、与人类面对一切非人类的事物时所表

现出的奇怪的历史健忘症作斗争，他现在的任务是要反抗一切通过污染来占有的形式，不论是空气污染，还是广告、汽车、机器对我们视觉和听觉的污染……所有这一切都和用来表示占有的粪便一样肮脏，一样污染环境。他写道，"属于自己的东西是通过肮脏的东西获得和保存的"，或者更明确地说，"唾液弄脏了汤汁，商标弄脏了物品，签名弄脏了纸张：财产（propriété），清洁（propreté），同样的单词讲述着同样的斗争，在法语中这两个词同源同义。就像走路会留下脚印一样，财产也是被标记的"。[29]

但这并不是我要批评塞尔的地方，恰恰相反。一方面，塞尔想让我们意识到各种由市场驱动的征用和占有行为并让我们对此感到愤怒，这并没有问题，在这一点上我和他意见完全一致。但另一方面，在他看来，垃圾和标记这样的污染手段源自兽性本能，更何况他还认为占有的手段就是剥夺和排斥，这就很有问题了。[30] 这样简单等同太过草率了，因为这种联系只能以双重简化和双重疏忽为代价。首先，这就意味着忘记了对老虎、狗或夜莺来说，领域并非如此，甚至没有任何单一的概念可以概括它们的一系列行为。其次，用这种垄断式的财产制度来定义在领域的居住显得过于简单了。塞尔主张的是一种领域行为的自然性，以此来谴责一些人冒称自己有权随意污染空气、制造噪声、掠取公共事物与空间，他毫不犹豫地将动物的领域行为与财产和所有权制度联系在一起，这样一来，他就将领域行为看作了一种自然权利。简而言之，他赋予了动物一种现代的、不容置疑的所有权概念，使动物成了一心想要独占一切的小资产阶级业主。

动物们被卷入了一个旨在捍卫被破坏的土地或被污染的生活的计划，对我来说，这不是一个想要捍卫动物被侵犯的尊严的问题。但如果我们真的要反思对土地的再利用，我认为，需要注意的是如何在土地上居住，与谁一起居住。塞尔这种过于简化的动物行为学对我们来说是一个非常糟糕的开始。

首先需要指出的是，将动物的标记与污秽联系在一起，将其看作干净的对立面，这一点是非常有待商榷的。对我们来说，或者说对我们中的大多数人来说，排泄物是肮脏的，但是对许多动物来说，事情要复杂得多。任何人只要看到过自己的狗兴奋地在腐肉或动物粪便里打滚，就会明白我们和动物的感官世界截然不同。其次，把哺乳动物和鸟类混为一谈也并非好主意。的确，标记和歌唱似乎有共同的功能：都是为了表明自己的在场。但是，为了表明自己的在场，哺乳动物和鸟类需要解决的问题却大相径庭，因此，任何相似之处都应该被谨慎对待。笼统地谈论"动物们"是不严谨的。如果说有些鸟类——虽然很罕见——确实可以通过粪便来标记自己的存在，但它们一般还是更倾向于使用歌声以及能表明它们现场存在的强烈展示。而哺乳动物则大多选择暗示自己的存在。对大多数鸟类来说，领域是展示和表演的地方，鸟类在这里能够被看见、被听到。我们完全有理由怀疑，在某些情况下（当鸟类在求偶场地炫耀自己时，这无疑就是事情的真相），与其说鸟类唱歌和炫耀自己是为了捍卫领域，不如说是领域为其唱歌和自我展示提供了舞台。一些鸟类学家也提出了这样的假设。

显然，许多哺乳动物有着截然不同的野心，它们很符合让-克里斯托夫·拜伊（Jean-Christophe Bailly）提出的领域定义：领域是一个可以藏身的地方，或者更确切地说，是一个让动物知道哪里可以藏身的地方。[31] 在这种情况下，鸟类的歌声和哺乳动物的踪迹就只有表面的相似了。可以说，哺乳动物是使用"不在场隐喻"的大师——留下的踪迹暗示着它们的存在，因此在缺席的情况下，它们也能让别人感受到自己的存在。而鸟类则选择了更为直白的表达："我在这儿呢。"这样一来，一切都成为它们想要被看到和被听到的借口。一位研究者用"广播"（broadcasting）一词来指代这一过程，这个词既可以指"传播"——在这里显然是这样的情况——也可以指通过媒体（广播或电视）来做推销广告。[32] 虽然"广播"一词既适用于鸟类也适用于哺乳动物，但其意义还是有所不同的：用在鸟类身上时，强调的是"推销"、广告的意思；用在哺乳动物身上时，指的是不仅信息发送者和信息在不同的地点，而且发送者能够确保让留下的每一个痕迹继续"撒播"它的存在，从而留下多个存在的迹象。利用信息的延迟达到无处不在的效果。

哺乳动物需要解决一个对鸟类来说不那么困难的问题：如何才能做到无处不在。鸟类的优势是优良的机动性，能够从领域的一端迅速飞到另一端，这是哺乳动物做不到的，更何况它们还想保持隐蔽。面对空间移动的问题——能否同时出现在多个地方——以及需要被看到或保持隐蔽的问题，鸟类和哺乳动物是通过存在与时间的不同关系解决的：鸟类通过歌唱和炫耀自己，展现的是现场存在的状态，而哺乳动物则通过留下踪迹展现出历史存在的状态。哺乳动物留下的踪迹在相对较长的时间内都有效（相较于现场存在而言），尽管它们只是之前在那里出现过，但也能达到同时出现在多个地方的效果。在这种情况下，粪便可以被看作一种诱饵，因为它在缺席的情况下营造出了在场的效果。虽然这样的把戏骗不了任何人，但也并不影响其效力，因为每个踪迹都传递出了"小心""注意"的信息。动物们也都能明白。而动物留下的踪迹就是被称为"共识主动性"（stigmergie）或"非本地互动规则"（règles non locales des interactions）过程的一部分，通过这个过程，一些动物的行为就可以——无论是在空间上还是在时间上——影响远处其他动物的行为——

就像蚂蚁留下的信息素会改变后来者的路线一样。这是一种在场形式，创造了特定的注意模式。然而，很可惜的是，虽然塞尔非常恰当地运用了广义上的书写来展开论证，将动物留下的踪迹比作复杂到令人难以置信的书写机制，能传递出大量身份信息，但他没有考虑到，或者说故意忽略了，能读懂踪迹的并不是只有猎人，动物们也一直在读取，而且毫无疑问读得还更多，理解得也更准确。同样可惜的是，塞尔还将这些踪迹的功能简化为：污染就是为了占有。

还有一个问题，我后面还会再谈到（因为鸟类歌唱也可以用类似的方式来解释）：如果做标记确实可以在缺席的情况下营造在场的效果，一些专家就提出，标记也代表了动物身体在空间中的一种延伸，特别是在提到雪羊或某些被囚禁的动物时。[33] 在这种情况下，"占有"一词有了另一种含义，因为这样一来就不是将空间转化为"自己的"，而是将空间变成"自己"。由于许多哺乳动物不仅标记地点和物体，还将自己的分泌物沾满全身以此来标记自己的身体，因此，"自我"与"非我"的界限就更加难以确定了。更令人惊讶的是，很多哺乳动物身上还浸透了领域中物体的气味——土壤、草地、腐尸、树皮。哺乳动物通过做标记来占有空间，同时也被空间占有，从而与那个地方建立起身体上的联系，使得"自我"与"非我"难以区分。

显然，我们要面对的东西比塞尔所描述的简单的占有制度要复杂得多，如果我继续列举这种差异，并穿插一些部分的相似之处，那几乎是无穷无尽的。但我想强调的是，当谈到领域的问题以及我们可以从中学到什么时，并不存在适用于所有情况的"万能"方法。如果没有采取适当的预防措施，没有注意到多亏了领域才出现的极其丰富多样的存在方式，那么一个领域的相关理论就不能随便迁移到另一个领域——无论是研究人员感兴趣的特定动物的领域，还是科学家用来做实验的领域。这也是为什么我要强调，一些鸟类学家——当然不是所有鸟类学家，我们稍后会回到这个问题——很快就明白，没有一个普遍的理论能够涵盖所有的领域问题。1956年，英国动物学家罗伯特·海因德（Robert Hinde）在为专门讨论领域问题的《朱鹮》（*Ibis*）杂志特刊撰写的序言中写道："永远不可能有一个明确的分类系统可以囊括自然界的多样性。"[34] 他补充说，分类只是为了便于我们讨论。而且我们发现，同一物种在同一时期会同时或陆续有非常不同的行为习惯，还有一些物种根据年龄、性别、栖息地或种群密度的不同也会有各种各样的行为习惯，这些分类也就更加有待商榷了。

　　鸟类学家会这么认为并非偶然，因为他们从一开始就要面对物种的多样性，并很快发展出了一种对比分析法，使得他们能够注意到不同组织结构的多元性。[35] 对比分析法要求并促使鸟类学家培养一种真正的鉴赏品位，能够关注差异性和特殊性，关心重要的东西。这是一种他们中的许多人——不是所有人，而是那些最有趣的人——已经学会推崇的修养。

此外，与领域行为有关的某些事情可能也正在发生，即我提到过的让研究人员备感惊讶且印象深刻的行为。鸟类经常表现出活力无限、决心满满、精力充沛的样子，看起来就像完全被它们正在捍卫的东西所"控制"了，因此我们可以说，研究人员自己也受到了触动："这才是真正重要的东西！"而且这种重要性是有价值的。

\*

## 对　位

想象力是一种好客的形式，（因为它）让我们在充分感受当下的同时欣然接受能激发我们对相异性的兴趣的东西。

——帕特里克·布舍龙（Patrick Boucheron），

《历史的作用》（*Ce que peut l'histoire*）[36]

如果存在可以用歌声来绑定的领域，或者更准确地说，只能用歌声来绑定的领域；如果存在可以用在场的假象来标记的领域；如果这些领域可以成为动物的身体，动物的身体也可以延伸成为生活的地方；如果生活的地方可以成为歌声，或者歌声可以创造一个地方；如果存在声音的力量也存在气味的力量，那么，毫无疑问，也会存在其他无数在领域上居住的方式，所有这些都可能创造出不同的世界。我们还能找到哪些词汇来唤起这些力量？是否会存在舞蹈的领域（需要发挥的是舞蹈的力量）？是否会存在关于爱的领域（只靠爱来标记的领域，靠的是爱的力量)？是否会存在争吵的领域（只靠争吵来标记的领域)？是否会存在共享的、被征服的、被标记的、已知的、被承认的、被占有的、熟悉的领域？有多少词语、有哪些词语可以用来形容领域？需要做什么才能丰富这些词汇？和哈拉维以及其他许多人一样，我相信，这种多样化的世界能让我们自己的世界变得更宜居。创造这样的世界意味着要研究如何尊重各种在领域上的居住方式，发现并清点各种动物的行为，以及它们所发展的存在方式。这就是我对研究人员的期望。

我用了"居住"一词，但实际上说"同居"会更恰当，因为没有一种居住方式不是首先意味着"同居"。而我用"清点"这个词是因为这是我特意参与的最简单的项目，我只需列出各种"习惯"，这里的"习惯"指的不是简单的日常生活，而是动物关于生活与实践的创造，这些创造能将动物的行动、知识与居住地、其他生物联系在一起。我们的这个项目旨在调查动物的生活习性，将已知事实重新洗牌，带着好奇心描述动物在领域的居住会带来什么样的关系以及什么样的"居家"方式。

简而言之，就是通过尊重动物的各种创造来打开想象力。

不过，我并不指望从动物身上得到启迪，也不打算利用它们来寻找能够解决我们问题的办法。我知道，并且从塞尔那里也再次得到了印证，当我们把动物牵扯进这种要求时，我们构建问题并将问题强加在动物身上这一方式本身就把被审问的动物排除在外了，因为动物的回答已经被事先设定好了。我们还记得胚胎学家希柏的"所有动物"这一说法，他还从动物世界直接跳到了人类文明的层面，这已经给我们敲响了警钟。在谈到领域问题时，如果过快地从动物过渡到人类，我们就会不由自主地将人类的领域概念，即领域是财产这一想法，施加到动物身上，这显然不是巧合。我们的任务应该是让世界更多样化，而不是都简化为人类世界。我们也不能贬低动物多样化的行为习惯，因为这些行为正是多样化世界的重要组成部分，哪怕只是因为它们迫使我们放慢了从动物到人类的过渡，并使其变得更加复杂。

因此，当我读到另一个使用"一刀切"方法的例子时，我不禁再次感到愤怒，这一次是社会学家齐格蒙特·鲍曼（Zygmunt Bauman）在他的《伦理学在消费世界里还有机会吗？》（*L'éthique a-t-elle une chance dans un monde de consommateurs？)* [37] 一书中对一些科学研究的分析。这本书的前几页讲述了一个关于群居昆虫的重要发现，即在胡蜂的世界里什么是"家"——这就是有人建议我读这本书的原因。根据《卫报》的一篇文章，鲍曼写道，伦敦动物学会的一组研究人员一直在巴拿马地区研究当地的胡蜂，他们带回来的消息会让任何熟悉胡蜂群居行为的人感到震惊。他们声称自己的发现将推翻几个世纪以来关于这些昆虫的社会习性的刻板印象。动物学家一直认为，胡蜂的群居性仅限于它们的巢穴，或者换句话说，仅限于它们出生和所属的社区。这一观点早已被广泛接受，以至于科学家们在很长一段时间内都致力于研究昆虫是如何成功识别外来者，然后驱逐或杀死它们的。是通过声音、气味还是行为？"很有趣的问题是，"鲍曼写道，"我们人类利用各种智能且复杂的武器和工具都只能勉强完成的任务，昆虫又是如何成功做到的，即这些生物如何确保自己社区边界的密闭性，又如何分隔'本地人'和'外来者'、'我们'和'它们'。" [38] 然而，科学家们发现，绝大多数（56％）的工蜂并非一辈子都不会更换巢穴，而且它们能够完全融入接纳它们的社区，并参与集体工作。事实上，这一发现与最前沿的技术设备有关，我们在一些胡蜂的胸腔上安装了一个小型无线电系统，每当有标记的胡蜂进入或离开时，都会触发位于每个巢穴入口处的电子传感器。

虽然鲍曼提到了这种新技术在他所谓的视角逆转中的作用，但他也指出这并非最重要的一点。他说，最重要的是，我们以前没有想过研究这个问题，而现在却正在思考这个问题，这是因为，"新一代的学者把他们自己（和我们）的生活实践经验带到了巴拿马的森林中，这些生活实践经验是从由相互关联的流动人口组成的多元文化新家园中获得并吸纳的"。因此，鲍曼继续说道："他们自然而然地'发现'了归属感的流动性，以及种群的不断混合也是群居昆虫的常态。"[39] 简而言之，"直到最近还被认为反映了'自然状态'的一些理念，现在回过头来看，不过是科学家把自己的担忧与做法投射到了昆虫的习性上而已，这太过人性化了"[40]。这也意味着，正如鲍曼所断言的那样，科学家这一发现的意义首先就在于修正了从前的各种理念以及"代代相传的概念网"。

当然，我们不得不同意鲍曼的主张，即在一个不断变化的世界中可能出现新的问题。那么，人们可能会问，我究竟为什么感到愤怒？那是因为，我对这些变化的呈现方式深表怀疑。

首先，我想强调一个在我看来很重要的细节。正如我提到的，鲍曼所说的这一科学发现依据的是 2007 年 1月 25 日发表在《卫报》[41] 上的一篇报道。这篇报道并未提及研究者的姓名，但我毫不费力就找到了在报道出来的前两天发行的相关科学刊物。[42] 显然，鲍曼并没有查阅科学刊物，只是以报纸上的几句话作为依据。然而，在这篇科学论文中，研究人员解释说，他们在 2004 年对这些胡蜂进行了第一次实验，当时的数据显示，被观察的胡蜂中只有 10％更换了巢穴，而这篇论文所依据的研究是在 2005 年进行的，根据后来的那些发现，这一数据才上升到了 56％。如果按照鲍曼的思路，那么在 2004 到 2005 年间，研究人员想必是改变了他们的认知框架。只不过研究人员解释说，他们在 2004 年使用的是传统的方法，即在每个蜂巢中用颜料标记出一定数量的胡蜂，并通过记录不同时间段每个蜂巢里的胡蜂情况来检测它们栖息地的变化。10％的数据事实上是观察了 100 小时的结果。研究人员知道，这样一来，许多胡蜂更换巢穴可能并没有被观察到，他们由此推断，大约有 25％的胡蜂更换了巢穴。然而，2005 年，在新技术的支持下，422 只安装了监测设备的胡蜂被观察了 6000 小时。研究人员明确指出，除非对蜂巢进行持续观察，否则使用旧的方法不可能获得像电子标记技术那样高的数据。被鲍曼描述成不那么重要的正是这种观察方法上的差异：在他看来，重要的是，新的认知习惯改变了我们在胡蜂身上观察到的东西，这些习惯源自"我们对日益异质化的人类共存环境的新经验"[43]。多亏了这些新的认知习惯，我们现在才能有一个从前不可能有的想法，即胡蜂的生活方式可能比我们想象的要友好得多。[44]鲍曼没有费心去阅读科学家写的文章，这无疑表明了他缺乏好奇心。此外，他也非常鲁莽冒失，因为他这本书的整个前言几乎都是基于他在《卫报》上看到的十几行关于胡蜂的介绍。然而，困扰我的并不是这种冒失，而是导致某些学者在任何领域都"随意自在"的社会风气。如果研究人员没有因此而被关注，尤其是因粗心大意而被关注，那么这一风气本身倒也不重要。

鲍曼不太重视设备，如望远镜、信标、芯片、统计表、声波图、笔记本、颜料标记、布线巢穴——总之，一切有助于看清事物，能够建立联系，让我们在认识昆虫的过程中与它们产生亲密感，揭示昆虫的异同点、行动轨迹和行为习惯的仪器。在他看来，所有这些都是次要的：真正重要的是科学家们的想法。也就是说，从通过颜料标记进行的 100 小时的观察到通过"无线电追踪"获得的 6 000 小时的观察，我们发现更换巢穴的胡蜂从 10% 增加到了 56%，这只是一个细节，只不过是想法的调整罢了。鲍曼似乎完全忽视了这样一个事实，即不同的理解首先意味着更多的理解，就胡蜂而言，这意味要有更多的设备、更多的在场、更近的距离、更亲密的关系以及更可靠的后续机制来获得更好的证据。我们现在知道了，胡蜂不过是活在科学家的想法里罢了。

想法固然很重要，因为可以引出具体的问题，研究人员观察的都是他们感兴趣的对象，不论是胡蜂、狒狒还是鸟类。研究人员也注意到了这一点，大多数人都知道他们的发现与自己提出的问题有关。而这种关注远远超出了避免拟人化的简单愿望。我曾说过，好斗或竞争性的词汇会引起某种注意，这是研究人员自己证明的。当某些科学工作者提出领域的功能是控制种群密度（我们还会在第三章中谈到这个问题）时——因为只有那些建立了领域的动物才有能力繁殖后代——其他科学工作者则担心，种群调节理论可能只是反映了我们人类对人口过剩的担忧。当一些人把鱼类的领域行为描述得极具攻击性和暴力性时，另一些人则对此提出了质疑，因为相关观察结果是在玻璃鱼缸这样极其有限的空间里获得的。

鲍曼没有考虑到的是，利用研究设备我们也可以与动物互动，并建立某种形式的亲密关系。研究人员也知道亲密关系是多么难以构建。玛格丽特·尼斯是领域研究方面最高产、最有趣的鸟类学家之一。起初，她只是把研究领域问题作为业余爱好，她经常在俄亥俄州的家附近观察歌带鹀。但她很快就意识到，要想真正认识和理解这些鸟类就必须能够辨认出每一只鸟儿。因此，在20世纪20年代末，她开始用4个彩环和1个铝环的组合来给鸟儿做标记。在鸟脚上套环标并不是什么新鲜事。早在18世纪末，一位名叫拉扎罗·斯帕兰札尼（Lazzaro Spallanzani）的修道士就有了这种想法，他把彩色的线系在鸟儿的腿上，以此来验证一些在夏末消失的鸟儿是否迁徙去了别的地方。[45] 虽然这种方法并非完全不为人知，却很少被使用，在尼斯这么做之前，人们一般是用这种方法来确定候鸟的迁徙路线（或者，更多是用来标记家禽，以防它们被非法贩卖）。尼斯的计划则完全不同，她并不打算制作鸟类的旅行地图，而是想要为鸟类撰写传记，以便更好地理解在建立领域时什么对它们来说是重要的。1932 年，尼斯给 136 只鸫套上了环标，其中有雄鸫也有雌鸫——尽管事实上她对雄鸫已经非常了解了，只听叫声就能区分出谁是谁，因为每只鸟儿都有自己的独特曲目，其中包含了 6 到 9 首不同的歌曲。结果她发现，雄鸫每年都会回到同一领域，其中一些会迁徙——她称之为夏季居民，而另一些则选择全年都待在这里——她称之为冬季居民。有只编号为 2M 的雄鸫活了 9 年，它在这 9 年间一直待在同一个地方，在 1930 到 1934 年间，它稍微挪动了一下，但也不超过 50 米，然后又搬回到了原来的地方。而雌鸫则不太稳定，有时甚至一个季节还没结束就更换了伴侣来繁殖第二窝雏鸟。

尼斯还指出，争斗会引起她所谓的"角色扮演"。当一只鸟儿试图进入一块被占领的领域时，从行为上看，它显然扮演了入侵者的角色：它越接近领域的中心就会越不坚定，而现有的占领者则会变得越有攻击性。在这种情况下，根据等级理论，居住者扮演的是主导角色，而入侵者扮演的则是从属角色，这与攻击性强度的差异相对

38

应。这就解释了为什么在歌带鹀的例子中，领域的占有者很少会改变。虽然看起来规则就是如此，但是实际情况还要更复杂。例如，如果一只候鸟在前一年占领了一块领域，第二年回来时发现这块领域已经被别的鸟儿占领了，那么现在的占领者扮演的就是入侵者的角色，但在极少数情况下，这只候鸟还是会被赶走。尼斯指出，之前关于鸟类争斗的描述并没有提到过这种角色上的差异，这可能是因为那些鸟儿没有被套上环标。

通过给鸟类套环标，我们能够了解它们的生活故事、对特定地点的依恋及其选择。例如，编号为4M的鸟儿是在1929年才被套上环标的，但尼斯认为它在前一年就已经占据了同一块领域，它一直待在相同的地点，只不过每年都会移动几米。1931至1932年的冬天，它往西边移动了30米，尽管并未受到任何鸟儿的强迫。4M早年是一只好斗的鸟儿，是这片区域的霸王，在它的不断逼迫下，邻居1M不得不奋起捍卫自己的领域边界。但从1932年开始，它就很少再寻衅滋事了，甚至眼看着年轻的夏季居民110M在自己从1M那里抢来的领域上定居，也完全没有抗议。第二年的冬天，它还进一步向西移动，进入了9M先前的领域，在那里筑巢3年，然后于1935年回到了尼斯的花园。在认识了每一只鸟儿后，尼斯发现，鸟类之间的私交有时也很重要，这就解释了为什么一些鸟类在建立领域的过程中能容忍某些冬季居民的存在，而在有可能发生某种冲突的情况下，事情有时也会以不同的方式解决，例如，一只夏季居民迁徙回来时发现有同类已经在此安家，那么它显然宁愿去别的地方也不愿驱赶同类。有时，领域的改变在没有任何来自其他鸟类的明显压力的情况下就发生了。鸟类有自己的习惯，但有时也喜欢改变习惯。在同一时期，芭芭拉·布朗夏尔（Barbara Blanchard）正在加利福尼亚研究白冠带鹀：一个由三只鹀组成的家庭将领域一分为二，分别由其中两只鸟儿占领和保卫。这两只鸟儿之间有无休止的争吵，它们不停歌唱、互相攻击。布朗夏尔发现，出乎意料的是，这竟是两只雌鸟。她写道："要不是因为给它们套上了环标，我还以为我在观察两只雄鸟的边界之争。"[46] 而尼斯则指出，就歌带鹀而言，雌鸟会从它们的伴侣那里得知领域的边界在哪里，并且一般都会表示认可。但在 1929 年，K2 把巢筑到了邻居 4M（前文提到过）的领域上，尼斯说，这给 K2 的伴侣 1M 带来了不少麻烦，直到 1M 设法吞并了这部分领域。

当然，人们可能想岔开话题，把这两位研究人员对雌鸟的兴趣归因于她们的女性身份。尤其是在谈到布朗夏尔时，因为她在整个职业生涯中一直因女性身份而受到歧视——这个行业在很大程度上是由男性主导的，而且很多人显然希望保持这种状况：当布朗夏尔提出要以鸟类为研究对象撰写博士论文时，她的导师建议她改为研究蠕虫，因为蠕虫要简单得多。她选择了坚持自己的立场，研究白冠带鹀的行为差异及其歌声的地区差异，她发现这些差异都与鸟类是否迁徙有关。而当她申请一个学术职位时，又被告知，如果有同样资历的男性申请，将会优先考虑男性。就连她要去一个研究基地时，导师的推荐信上也只提到她性格开朗，所以希望对方可以接纳她。这样的轶事不胜枚举，布朗夏尔以幽默的方式娓娓道来，正如她所说，为的就是让大家关注到那个时代的荒谬性。[47]而尼斯职业生涯的路线则有所不同，尽管她放弃了论文，选择跟随丈夫，在一个家庭中担任起母亲的角色，但多年来，她还是凭借着非凡的毅力，一直坚持利用业余时间在她的花园以及周边观察鸟类，直到遇见了生物学家恩斯特·迈尔（Ernst Mayr），后者鼓励她发表自己的研究，让世人了解她的成果。这两位女性一位努力与学术界的大男子主义作斗争，另一位则在为人妻为人母之外还要拼命挤出时间做研究，如果说她们的不同职业道路确实代表了女性科学家在那个黯淡时代的命运，那么她们的历史地位绝不局限于此。首先，她们两人都摆脱了鸟类学研究的固有习惯，即标本分类的习惯，转而关注同一物种内——有时是同一群体内——的行为变化。其次，她们都致力于观察鲜活的鸟类个体，因为正是在这个层面上，差异才变得显著和有意义。从那时起，在地盘争夺中显然经常被当作背景板的雌鸟突然来到了舞台中央，并不是像鲍曼所想象的那样，因为女性研究者开始观察它们并对它们所扮演的角色提出了质疑——布朗夏尔看到雌鸟参与争斗时感到十分惊讶，这说明事实并非如此——而恰恰是因为这些环标让它们得到了关注。换句话说，这些环标是吸引注意力的装置，也就是说，能够让我们注意到之前没有关注的东西。

简而言之，多亏了这些彩色的金属环，其他东西开始变得重要起来，新的差异开始出现，而这又改变了科学家描述鸟类的方式：鸟类不仅有了独特的生命，还变得更灵活、更复杂，这一点从同一物种内的种种变动、反复无常的行为和出乎意料的事情之中可以看出。这就是为什么说给鸟类做标记很重要，它不仅培养了一种特定的关注模式，使差异得以出现，还提出了一个问题：对鸟类来说，什么是重要的？这个问题用在鸟类身上毫无疑问使它们变得更有趣了，而鸟类对这个问题的回答也展现出了存在模式的多样性——夏季居民、冬季居民、雄鸟、雌鸟、入侵者、常住居民、扮演入侵者角色的常住居民、扮演常住居民角色的入侵者、晚年脾气温和了的霸王雄鸟、心不在焉的雌鸟、好斗的雌鸟。

这样一来，大家就更能理解，我之所以批评鲍曼就是因为他缺乏好奇心，这是那些对待一切学科领域都"随意自在"之人的典型特征。对他来说，胡蜂说到底不过是我们人类社会变革的陪衬——这就是所谓的"一刀切"假设。要想让这个假设说得通，就只能有意无意地掩盖我们了解胡蜂的方式，忽略其他进一步研究它们的建议是如何被应用的，以及它们是如何对科学家的提议作出反应的——有时还会给科学家提供新的见解。把大自然调动起来却只是为了让其保持沉默，并宣布我们在其中发现的一切都受到我们自己"概念网"的影响。那么，当召唤大自然的唯一方式使其沉默时，会出现"大自然是个哑巴"这种荒谬的想法也就不足为奇了。

总之，不论是鲍曼还是塞尔都把事情推进得太快了。他们忘记了，任何对相似性的感知都是基于对差异性的主动搁置。用一种情况带给我们的启示去解释另一种情况，这样的行为属于美学和创造的范畴，需要好好品味，需要有好奇心、懂分寸、知轻重，偶尔还要口是心非。不是要禁止我们进行比较和类比，也不是拒绝寻找巧合或共同关注的问题，而是努力谨慎地去做，小心对待我们所建立的联系，并承认，当我们声称任何让人们注意到差异性的东西都没有足够的力量时，我们说的不全是实话。简而言之，要确保当我们对某一情况有了新的认识时，不会因为过度解释而抹杀了其他一切因素。让思想的光辉变得更柔和、更微妙吧。

# 第二章　影响的力量

从 20 世纪初开始，在短短几年的时间内，关于领域的研究经历了惊人的爆炸式增长。玛格丽特·尼斯统计了英语国家对领域史的研究，她指出 1900 至 1910 年有 11 份出版物，1910 至 1920 年有 15 份，1920 至 1930 年有 48 份，1930 至 1940 年有 302 份。随着这些出版物的问世，各种理论成倍增加。到 20 世纪 50 年代初罗伯特·海因德（Robert Hinde）发表他的调查报告时，人们发现的领域功能已经不少于 10 种了。

我不打算按照时间顺序来讲述这段历史，我更愿意将其当作一部思想史、直觉史和开放史，因为领域和鸟类引起了人们的思考，而这正是我感兴趣的地方。因此，我选择的故事是层层折叠的，在这个故事中，一位研究者受到鸟类的启发会产生一个想法，然后时隔许久，在阅读其他研究者的作品时会多次发现这一想法的不同形式，因为其他研究者在面对其他鸟类、探讨其他问题时可能会产生同样的想法，也可能会对这一想法有新的发展，有时候研究者甚至不知道在很久以前就已经有人提出过同样的想法了，我打算从这些想法第一次出现的时候说起。这样的论述方法适用于某些发展成为假设的想法，当研究人员受到鸟类的启发，相信自己的这一想法不仅对自己有重要意义，而且对其他鸟类和其他后来的研究人员也很重要时，又或者当这些想法由于涉及其他鸟类、需要考虑其他因素而引起争议时，这些想法就会被多次探讨，或者引发一场大讨论。而其他一些想法的发展则要困难得多，例如，没有什么人支持歌鸫喜欢孤独这一想法，我也只是在研究的最后阶段才再次遇到这个想法，尽管是以一种不太一样的形式。因此，与鸟类相关的思想就像生态链般环环相扣，更有趣的是，与领域相关的思想却并没有一个规律的发展轨迹。许多观点的确在最早的研究中就出现了，只是因为缺乏支持而暂时消失了。有些假设不得不等待，直到有一只鸟儿出现来挑战它们，或者直到科学家再次把注意力集中在它们身上，而当条件再次变得有利时，这些假设又会重新出现。还有一些假设是如此强大，如此不愿妥协，最终入侵并占领了整个思想领域，威胁着要抑制其他一切假设。

正如我所指出的，这段历史在 20 世纪以前就已经开始了，只不过更早的研究者是在人们回溯历史时才参与其中的。这正是德国鸟类学家伯纳德·阿尔图姆的情况，他写于1868年的作品一直等到1935年才从德语翻译过来。阿尔图姆断言，鸟类领域之间保持的距离反映了它们最大的需求：确保有足够的食物来喂养雏鸟。所有鸟类都有自己特殊的饮食习惯，在为幼鸟和自己寻找食物时——阿尔图姆认为这是动物最重要的一项任务——会将自己的活动范围限制在一个相对较小的区域内。由于有食物匮乏的风险，它们不能在其他成对的鸟儿附近定居，因此需要一定规模的领域，而领域的具体面积则取决于该区域的可能生产力。尽管这一观点很有争议且常常遭到反驳，但还是存在了很长一段时间。亨利·艾略特·霍华德在不了解前人研究的情况下再次提出了这个观点，在他看来，领域的功能是提供充足的食物，因此也就能调节种群密度——只有那些成功获得领域的鸟类才能繁殖，这极大地限制了种群数量的增长。对群居的物种来说，如海鸟，食物是无限的，但筑巢地点很少，领域就只起到了控制种群数量的功能。

因此，控制种群密度和确保有一块能提供充足食物的区域这两个问题可以分开来讨论。我稍后会回到控制种群密度的理论，在这里先重点讨论领域能够保障居住者的食物供给这一理论。正如已经指出的那样，这一假设是最早出现的，亚里士多德早已提到过，尽管他没有直接说出"领域"一词。只要我们不把注意力集中在动物"拥有"对一块区域的独家使用权这一想法上，我们就能理解其中的逻辑。如果领域是一个筑巢地，那么对每一对鸟类夫妇来说，限制自己的活动范围就会省力且谨慎得多。远离巢穴去为自己和雏鸟寻找食物会增加危险。这不仅仅是因为成鸟离开时雏鸟无人看管——捕食者甚至同类相食的其他鸟类可能会趁机偷袭——还因为这会迫使它们飞到不熟悉的地方去。因此，领域是一个熟悉的地方，好处是能够就近找到食物，遇到捕食者时还能有一个熟悉的安全地点。

尼斯指出，上述假设从一开始就没有得到一致认可。1915 年，约翰·迈克尔·杜瓦（John Michael Dewar）在观察蛎鹬时注意到，领域之间的边界往往非常灵活，这在一定程度上取决于是否存在其他鸟类夫妇。每个领域都有专属的筑巢区和觅食区，但在这个区域周围似乎有一个更大的觅食区属于"公共财产"，附近地区的所有鸟类都可以毫无顾忌地前来觅食。[48] 几年前，西德尼·爱德华·布洛克（Sidney Edward Brock）观察到，一些雌性柳莺有时会在配偶的领域之外筑巢。1931 年，鸟类学家塔维斯托克公爵[①]（Lord Tavistock）对所谓的"食物匮乏"这一大幻觉表示了嘲讽：他在观察欧柳莺时发现，其领域内的食物都足以养活十几只鸟儿。同样，我还能举出

---

[①] 这里指的是第 12 代贝德福德公爵黑斯廷斯·罗素（Hastings Russell, 1888—1953）。

很多相关例子，1933年，英国鸟类学家戴维·赖克（David Lack）也观察到，在领域问题上最好斗的鸟类在喂养雏鸟时，似乎并没有严格捍卫领域边界。他认为，如果这是一个资源问题，那么它们在这个时候反而应该表现得更具攻击性。事实上，他提出，领域似乎只是雄鸟的事情，其真正意义在于为雄鸟提供一个位置优越、高高在上、与世隔绝的总部，让它可以在那里引吭高歌、卖弄自己。1935年，赖克在观察热带地区雀形目的红寡妇鸟时发现，雌鸟是在领域外觅食的。领域的功能可能是将雄鸟互相隔离开来，帮助雌鸟找到伴侣。[49] 回到领域能够提供食物这一功能，罗伯特·海因德指出，鸟类在领域上觅食并不能说明获得食物供应是影响其选择的首要因素，而鸟类不在领域上觅食也不能说明领域与食物无关。[50] 显然，人们在领域的食物供给功能这一方面还没能达成任何共识。

值得一提的是——许多研究人员也已经指出了这一点——无论如何，食物源于领域这一假设仍然在科学家中得到相对广泛的支持，主要是因为这是最容易研究的。觅食行为是最容易观察和量化的，而且可以进行实验。如果食物是影响领域选择的主要因素，那么把大量食物放到远离领域的其他地方就应该会导致鸟类改变位置。这样的实验表明，食物似乎并非决定性因素：在大多数情况下，鸟类会接受投喂，吃完后又返回自己的领域。

但这些实验并没有产生任何真正的影响，因为最终能发表出来的实验结果寥寥无几，因此，尽管这一理论备受挑战，却依旧存在。这一现象并不难解释，根据克莉丝汀·马赫（Christine Maher）和戴尔·洛特（Dale Lott）[51]的说法，这是由研究者所提出的问题决定的：当研究人员进行实验，观察食物供应的变化对鸟类空间安排的影响时，他们经常得到负面的结果——没有什么特别的影响。而基于这样的实验结果他们无法提出任何主张，自然也就不会去发表了。由于只有那些证明了食物对鸟类的社会组织有影响的人发表了他们的研究结果，因此产生了一种倾向，越来越多的人开始支持那些能在食物供应和社会组织之间建立相关性的研究。

正如我前文提到的，戴维·赖克对有关食物供应的假设提出了质疑，并给出了另一种想法：领域只是雄鸟的事情，为雄鸟提供一个可以卖弄自己、引吭高歌的总部。鸟类学家很早就强调了歌声在建立领域方面的重要性。例如，伯纳德·阿尔图姆认为，鸟类能够通过歌声感知对方的存在，并确立领域边界。他观察到，雄鸟展开攻击之前会先唱歌，而且在战斗过程中歌声也是持续不断的。1903年，查尔斯·莫法特断言，鸟类唱歌是为了"警告对方，表示这儿有一只战无不胜的雄鸟，这片区域是它的地盘，禁止其他雄鸟进入，否则它就会发起攻击"[52]。但是，既然几个音符就足够了，为什么还要唱这么复杂的歌曲？在莫法特看来，精妙的歌声是一种优势，因为只有胜利的鸟儿才会唱歌。因此，鸟类会经常练习，进而提高自己的歌唱水平。"久经沙场"的歌手可以用自己娴熟的技巧向周围的鸟类展示自己的表演质量，这样一来，那些最有才华的鸟类就可以"炫耀自己一生中超长的获胜记录"——歌声就好比一个有声勋章，是无数次胜利的象征——而那些资质平平的歌手"自然也就不敢与它们竞争了"。莫法特打破了性别选择理论的桎梏，按照这一理论，雄鸟唱歌是为了吸引雌鸟，那么，歌声必然就有一种"自我介绍"的功能，但事实上，雄鸟是在对着其他雄鸟而非雌鸟歌唱，这既是一种"自我展示"，也是一种警告——理论上来说，完美演绎的歌曲应该能够劝退所有不自量力、试图与这位才华横溢的歌手一决高下的鸟儿。

从这个角度来看，莫法特在某种意义上率先提出了后来被称为诚实信号的理论：鸟类是以一种可靠的方式展示自己的才能，因为它无法作弊，歌声是一种诚实的信号，是长期练习的结果，意味着有时间、懂技巧且健康状况良好，或者，根据莫法特的说法，象征着战功赫赫的过去。莫法特会用同样的理论思路来解释一些鸟类所展示的绚丽羽毛。他说，羽毛的颜色并不像性别选择理论所暗示的那样，是用来吸引雌鸟注意的。用莫法特的话说，色彩斑斓的羽毛已经进化成了一种战斗妆，这是对竞争对手的一个彩色警告。"证据就是,"他继续说道,"当两只色彩斑斓的鸟儿发生冲突时,我从未见过它们会不把自己最鲜艳的羽毛在战斗中以某种引人注目的方式展示出来。"这样的例子有很多,比如,流苏鹬"在战斗的时候,其羽饰就和盾牌一样有用"。当我们看到这些五颜六色的鸟儿以如此显眼的方式栖息在灌木丛上时,"每一只鸟儿不都会让我们想起一面色彩鲜艳的小旗帜吗?它们就像一面面竖起来的旗帜,象征着某某区域是某某某的地盘"。因此,鸟类是通过色彩斑斓的羽毛来向其他鸟类宣告自己对这片领域的所有权,莫法特还指出,"哪怕鸟类不能通过这种方式获得新的领域,至少也能保证现有领域不易受到干扰"。莫法特还进一步补充道,"入侵者在遭到'既定租户'的攻击或仅仅是威胁时,通常都会迅速撤退,这似乎表明,任何明智的鸟类都会遵守临时所有权(莫法特指的是季节性住所)的要求"[53]。

根据莫法特的这些主张可以产生两个不同的假设,并导致两个不同的理论结果。一方面,正如我们已经清楚地看到,歌声和羽色不仅有自我展示的功能,还可以起到警示作用,从而限制冲突。这让我在莫法特的主张中看到了一种预想,类似于后来启发了诚实信号理论的预想。诚实信号可以调解冲突,例如,歌声是鸟类健康的可靠指标,要想知道自己的胜算如何,没有必要"真正"与这只鸟儿打一架。通过这种方式,可以避免一些耗费精力、风险极高且注定会失败的战斗。我们还记得，攻击性问题从一开始就与领域有关，而要想控制这种攻击性——特别是在康拉德·洛伦茨看来——自然靠的也是领域：领域被视为攻击的直接结果，也提供了一种控制攻击的手段，即让动物各自散布在一个特定区域，彼此之间保持适当距离。我们将在下一章继续讨论这个问题。

不过，另一方面，莫法特关于羽色和歌声具有自我展示功能的想法，会导致一些研究者把注意力转向一个非常有趣的问题：表象问题。在这里，我们预感到，领域最有趣的维度即将出现，吉尔·德勒兹（Gilles Deleuze）和费利克斯·加塔利（Félix Guattari）在他们的著作《资本主义与精神分裂（卷2）：千高原》（*Mille plateaux*）① 一书中的相关论述让这一维度变得更可感：领域行为首先是一种表达行为。领域是一种表达手段。或者，用埃蒂安·苏里奥的话来说，鸟类的领域、羽色、歌声、姿态和仪式化的舞蹈都充斥着使场面更壮观这一意图。[54] 这也意味着，领域创造了某种类型的关注，或者吸收了特定的关注模式：一切都被领域化了，无论是信

---

① 本书中出现的关于《千高原》的引文均采用以下译本：［法］吉尔·德勒兹、费利克斯·加塔利，《资本主义与精神分裂（卷2）：千高原（修订译本）》，姜宇辉译，上海人民出版社，2023年版。

息的接收者还是发送者。同时，一种新型代码开始发挥作用。

但是，断言领域是一种表达手段，或者说充斥着使场面更壮观这一意图，我就偏离了这样一个概念，即这种"壮观化"是通过用自我展示代替正面冲突的方式达到规范战斗的目的。因为，如果领域确实可以被定义为一个壮观的展示场地，那么从心理学意义上讲，攻击性就不再是领域活动的动机或原因，而是成为美学或音乐意义上的动机，使得领域有了鸟类自己的风格，有了它独有的自我介绍形式，它的活力、编舞和动作，从而使攻击性成为一种模拟。从"攻击性"功能转变为一种表现功能。领域行为在形式上借用了攻击的动作，就和游戏一样，借用打架的动作——啃咬、威胁、追赶、猎杀等——来做一些具有完全不同意义的事情。攻击作为一种表达方式，就像动物玩耍时的动作一样，是一种"假装"：游戏的动作和那些与领域有关的动作一样，废除了现实的物质性，将其升华，"只保留了一种具有自身价值的纯粹形式"，苏里奥如是写道。这就是他所说的"模仿"，例如，"假装"模式下的威胁仪式使用的就是攻击的动作。此外，让他感到遗憾的是，"某些生物学家以过于理性主义的方式来解释问题，他们认为这只是一种减少战斗伤害的简单策略：他们声称，通过模仿也可以获得同样的结果，造成的损害还更小。但使用这些不同方法获得的结果未必相同。获胜者并不是最好的战士，而是最好的演员"[55]。一些研究人员提出了这样一种观点，即看似引导了领域行为的攻击或许是"上演的场景"，其浮夸程度就是最可靠的证据之一。我们还记得尼斯和她的直觉，即鸟类"角色扮演"的方式是十分灵活且可互换的。此外，尼斯还写道，对歌带鹀来说，越是令人印象深刻的场景，就越是不严重的会面，虚张声势代替了实际行动。我在后面的章节中还会谈到这个问题，因为这个问题本身就有非常不同的命运，也为研究人员提供了一个引人入胜的谜题：如果一切都只是模拟，如果像一些人所声称的那样，战斗的结果是如此容易预测，那么目的是什么？

但是，如果我尽可能地接近莫法特的说法，很明显，在领域的背景下，表象成了一种新的力量平衡的一部分——表象的力量或魔力能够远距离发挥作用，从而达到保持距离的目的。达尔文认为，这些非常特殊的表象模式，如"注定要被听到的"[56]歌声和"注定要被看到的"羽色和展示，证明了鸟类受到性别选择的影响，其作用是吸引雌鸟注意，引诱它们。而雌鸟则反过来对雄鸟的某些特征施加了强烈的选择压力，如最绚丽的羽色、丰富的歌曲、华美的舞步。莫法特不同意这种理论，并明确表示雌鸟在这里没有发挥什么作用。其他研究人员跟随他的脚步，但并不一定排除雌鸟的作用。一些人认为，羽色、歌曲和求偶表演是由雌鸟选择的，然后被重新部署，以实现自我展示的领域功能。另一些人则持相反观点，认为是领域的存在使这些特征得以出现，随后引起雌鸟的注意，然后雌鸟作出选择并对雄鸟施加一种倾向于某些特征的选择性压力。在每一个版本中，不同的表象模式都会成为新的力量组合的一部分，能发挥其他魔力，产生其他效果——迷惑、吸引、诱惑、激发欲望、留下印象、恐吓或拉开距离。

无论我们更青睐这两种说法中的哪一种，从这个角度来看，表象——或表象的模式——都服务于影响的力量。我之所以强调服务于，是因为这些说法开放了鸟类的生活故事，让人们能重新阐释鸟类某一特征的用途，能充分发挥自己的想象力，提出各种各样的想法，同时也出现了很多随大流的说法。鸟类千方百计地展现着自己，没错，但是也太卖力了吧！场面也太豪华了吧！——"鸟类唱歌的次数可比达尔文的性别选择理论要求的多得多。"荷兰生物学家弗雷德里克·伯伊坦迪克（Frederik Buytendijk）如是写道。[57] 这又是领域的另一种命运，一种脆弱的命运，因为不被生物学家所看好，一些生物学家甚至认为，并非所有的行为都一定是有用的或是为了适应环境的，例如，"鸟类变得美丽只是为了自我欣赏"。甚至有人大胆假设鸟类进化出色彩鲜艳的巨大羽毛就只是为了美观——是后来才被用于飞行的。[58] 这些生物学家可不能忘了，一些特征或行为要有功能才更可能被采用，也不能忘了，进化对可能有用的东西有某种"控制"。寻找一种功能就是讲述一个故事，这个故事涉及新事物的出现，这个新事物将找到一个生命，一个准备好欢迎和拥抱它的生命，使它成为某种东西，或"其他东西"，这个生命将因此与空气、温度、同类、环境建立新的关系。而不能被忽视的正是这种"其他东西"。因为，正如巴蒂斯特·莫里佐（Baptiste Morizot）提醒我们的那样，我们有时想把功能简化为"干什么用的"，这往往掩盖了一个事实：自然选择在过去对单一特征的许多连续功能产生过影响，而"这种遗传会产生丰富的可能性，因此，个体有一定的自由得以重塑其用途"[59]。"用途"的概念强调了这样一个事实：如果鸟类确实遗传了某些特征，这些特征是由于在特定情况下有用而被选择的，那么这些特征就带有在历史进程中与多种不同用途相关的记忆，以及对这些用途的重新解释和重新创造。而这些用途仍然可以从同样的特征、羽毛、歌曲或攻击性动作中创造出"别的东西"，甚至可能在完全不同的背景下再次被选择和征用。

说回莫法特，领域主要是雄鸟的事情这一假设有时会遭到反驳。确实，单从逻辑上来看，雌鸟也的确应该发挥了一定作用，因为许多领域——事实上是大多数领域——都与繁殖有关。但是，在各种各样的假设中，雌鸟也的确总是在领域舞台上充当背景，往往被限制在旁观者的角色中，或者充其量只是跑龙套的，甚至在很多情况下，仅仅被视为一种资源。不过，也有个别例外情况。1935 年，人们发现嘲鸫有两个领域，一个是夏季领域，一个是冬季领域，冬季领域是食物供给区，由雄鸟和雌鸟共同保卫，但雌鸟并不保卫夏季领域。同年，荷兰鸟类学家尼可拉斯·丁伯根（Nikolaas Tinbergen）发现，在瓣蹼鹬中，保卫领域的是雌性。雌鸟会进行仪式性飞行，并向所有新来者发出求偶信号，如果来的是雌鸟，就展开攻击，如果是雄鸟，就进行求爱。部分雌鸟还是会引起人们的注意，有时是因为它们对其他雌鸟表现出了领域行为，有时是因为它们与雄鸟并肩作战。20世纪 30 年代末，戴维·赖克在观察套了环标的歌鸲时发现，雄鸟一年四季都在保卫领域，而雌鸟只在秋季保卫领域。我们还记得，芭芭拉·布朗夏尔在观察到两只雌鸟为争夺地盘而发生争斗时误以为是两只雄鸟。她最初的误判充分证明了人们对雌鸟的预期。最近，三位研究人员，卡塔琳娜·里贝尔（Katharina Riebel）、米歇尔·哈尔（Michelle Hall）和内奥米·朗莫尔（Naomi Langmore）表达了她们的担忧，科学界似乎没有人对唱歌的雌鸟感兴趣。"雌性鸣禽仍在努力争取被听到"（*Female songbirds still struggling to be heard*），她们这篇短文的标题就很能说明问题。显然，雌性鸣禽比雄性鸣禽更少见，但这三位研究人员指出，近年来，有越来越多的证据表明，雌性鸣禽的数量很可能比我们以前认为的要多。而且，雌性鸣禽的歌曲通常非常复杂，需要付出很大努力才能掌握。她们认为，最初雌雄鸣禽都会唱歌。但没人知道为什么很多雌鸟不再唱歌了。[60]

然而，在目前关于这一主题的文献中，领域仍然主要是雄鸟的事情。不过，从最早的理论来看，只要领域被视为繁殖过程中的一个关键要素，那么雌鸟在某个时候就必然会扮演一个角色，不论角色有多小。对于包括霍华德在内的一些科学家来说，领域的作用是提供一个会面地点。根据霍华德的说法，领域甚至能够"确保鸟类个体的行动自由"。他设想了这样一个场景[61]：一些鸟类在交配后要过一段时间才会筑巢。如果这对夫妇没有领域，那么在受精和筑巢之间就会空出一段时间，在此期间，雄鸟和雌鸟就会自由飞翔，四处寻找食物。在这种情况下，这对夫妇能否重逢就完全靠运气了，因为它们没有地方会面，没有任何东西可以把它们吸引到一起，也没有任何东西可以留住它们。然而，如果雄鸟有建立领域的习惯，那么它们就能来去自如，甚至可以和其他鸟类交往，而不用担心会与配偶永久分离，到了筑巢时间也必然能找到对方。

同样地，当鸟类从一个季节到下一个季节都保持稳定的夫妻关系，但除了繁殖季节以外，其他时间都不生活在一起时，如果雄鸟像许多鸟类一样回到前一年的同一地点，那么雌鸟就可以更容易地找到自己的伴侣。因此，领域的功能或作用就是以它为中介，将雄鸟与领域联系在一起，将雌鸟与雄鸟联系在一起。从某种程度上来说，领域创造了联系的条件。有些人认为，领域是为相遇服务的，为鸟类的交配仪式提供了安全保障。交配仪式通常是一个漫长的过程，不能有太多的变动——炫耀行为和歌声很可能都是仪式的一部分，是雄鸟用来刺激雌鸟的，这些行为甚至可以让繁殖期同步进行。

此外，领域还为雌鸟提供了保护，使其免受其他雄鸟的骚扰。例如，在尼斯看来尤为放荡的歌带鹀："雄性歌带鹀常常趁着邻居暂时外出时，以一种相当粗暴的方式向邻居的配偶求爱。因此，领域似乎既是出于一种利益需要，也是出于一种脾性需要。"[62]

一些科学家试图拓展性别选择理论，他们提出，雌鸟选择的可能是一个特定的领域而不仅仅是一只雄鸟。决定雌鸟选择的将是领域的质量。当这些科学家将注意力转向这种可能性时，他们首先会观察到，领域的大小和配偶制度的选择——单配制或各种形式的多配制——是有关联的。例如，在哥斯达黎加观察到的一种火喉蜂鸟中，雄鸟会建立一个领域，随后会有雌鸟前来觅食，这些雌鸟被多次驱赶后还是会回来，直到成功与这只雄鸟交配。这个时候，雄鸟就会容忍它们了，只要它们不吃雄鸟专门为自己保留的花蜜就行。而且雄鸟还会捍卫雌鸟选定要吃的花朵，不让其他鸟儿偷吃。这就使得研究者提出了一个假设，即与其说雌鸟选择的是雄鸟，不如说它们选择的是某种质量的领域。这与性别选择理论并不矛盾，因为该理论包括了所有那些在选择伴侣时可能很重要的特征。拉里·沃尔夫（Larry Wolf）和加里·斯泰尔斯（Gary Stiles）认为："从这个角度来看，领域是外化的第二性征，就像园丁鸟的'求偶亭'一样。"[63]

20 世纪 60 年代初，杰瑞德·弗纳（Jared Verner）在华盛顿州观察到两群长嘴沼泽鹪鹩，一群在西雅图地区，另一群在 400 公里外的特恩布尔的切尼镇附近。[64] 由于一些鸟类选择了多配制，而另一些则没有，弗纳便计划以领域类型为切入点来探讨这些选择的原因。这两批被研究的鸟类在许多方面都有所不同。例如，在西雅图，雄鸟整个季节都在喂养幼鸟，而在特恩布尔，它们只在季节结束时才这样做。西雅图和特恩布尔的许多雄鸟——虽然不是全部——都是多配制，这意味着尽管它们有自己的领域，一部分雄鸟仍然没有配偶。雌鸟会根据领域的质量作出选择，因此，在某些情况下，它们会与作出同样选择的其他雌鸟共同居住在同一片领域上——顺便一提，如果是这样的话，雄鸟的多配制就不像人们常说的那样，仅仅是一种"雄性"策略，而是雌鸟选择与其他几只拥有同一伴侣的雌鸟共同居住的结果。

在西雅图的重婚雄鸟中，我们观察到，两只雌鸟的产卵时间是安排好了的，重叠的时间还不到两天：当第一窝开始离巢时，第二窝的蛋才开始孵化。因此，几乎整个筑巢期，每只雌鸟都能得到雄鸟全心全意的照料。而在特恩布尔，雄鸟只在季节结束时才提供帮助，我们也没有观察到这种生产的同步性。弗纳评估了不同领域的质量，得出的结论是，领域的面积并不是很重要，重要的是在那里可以找到的东西的质量。特恩布尔的一些雌鸟选择依附于住在优越领域上的雄鸟，并与其他雌鸟共享一切，而另一些则选择住在其他单身雄鸟占据的较差的领域上，与后者相比，前者得到的帮助显然会更少。但也有部分鸟类选择了后者，这就是为什么并非所有的长嘴沼泽鹪鹩都是多配制。谈到这个问题时，弗纳提到了雄鸟 25 号，它的领域虽然面积够大，但没有多少植被能够提供掩护，这显然是影响雌鸟选择的决定性因素。他回忆说，这只雄鸟在求偶方面不太成功，很晚才勉强成功配对。"而当它最终成功交配时，巢穴也摆放得很不稳定，我决定帮它牢牢绑住免得掉落。"

我想在这里暂停一下，仔细看看这段轶事。这里正在发生一些重要的事情，表明并非所有实践都屈从于科学界现行的惯例：这些惯例要求我们与一切被观察的对象保持距离，漠不关心，或者禁止某些类型的干涉——禁令是非常相对或片面的，我们将在后面看到。其实我

61

的第一反应是，弗纳的做法显得非常业余。但这么想就忽略了一个事实，即业余爱好者对鸟类所做的行为毫无疑问是非常暴力的——读一读让·罗林（Jean Rolin）的精彩作品《石燕》（*Le Traquet kurde*，红尾鸲的俗称），你就会知道"爱护鸟类"究竟意味着什么。在 19 世纪，许多鸟类业余爱好者都是收藏家，有种种迹象表明，对他们中的一些人来说，喜爱和占有是一回事情。只要不将这些业余爱好者与弗纳进行比较——因为这种比较可能会阻止我们注意到相似之处的不和谐元素——我们就会发现，弗纳的行为反而证明了他对鸟类的特别关注。我不由自主地将这种谨慎且细心的方法与他对研究的态度联系起来。这是一种关注差异的做法。通过关注这些差异，关注那些重要的事情，研究人员会被对鸟类来说重要的事情所触动。诚然，这里所讨论的做法处在一种理论的背景下，该理论旨在解释一个庞大的问题——对多配制的选择——却只选取了这些特殊的鹟鹟作为研究对象，观察它们各自的选择，并说明鹟鹟之间的差异是如何暗示每只鸟儿在面对各种可能的选择时努力摆脱困境的不同能力。有些鹟鹟做得就不那么好。所有这些都创造了历史，真实的历史，与日常生活息息相关的冒险，鸟类完全被赋予了各种意图、计划和欲望。例如，雄鸟 16 号于 1961 年 4 月 2 日到达沼泽地，此时其他雄鸟早已建立了自己的领域。它起初在一个未被占领的地方安顿下来。但不久之后，它开始挑战雄鸟2号，后者的配偶即将产卵。受到骚扰且囿于形势的限制，雄鸟2号被迫放弃了部分领域，只保留了一小块区域。雄鸟16号现在几乎拥有整个领域，包括雌鸟巢穴周围的区域。"这是唯一一次，"弗纳写道，"新来的鸟儿把一只有地位的雄鸟赶出了它的主要活动区域，这表明雄鸟16号比普通鸟儿更具攻击性。""在雄鸟2号被迫叛逃后，雌鸟留在了雄鸟16号身边，可能是因为它快要产卵了，巢穴也已经铺好了。"但筑巢期一结束，它就放弃了这块领域，去投奔第三只鸟儿了，这只鸟儿直到那时还没有配对，可能是因为它的领域质量相对较差。弗纳指出，这种情况是非常罕见的，雌鸟很少会在原配偶仍然活着的情况下更换配偶。但是，他写道："也许雄性16号的异常攻击性行为导致它异常获得的配偶抛弃了它（异常是因为它篡夺了已经配对的居民的位置），这也表明如果它在季节之初，在其他雄鸟没有配对的时候，就在沼泽地里建立了自己的领域，它可能永远也找不到配偶。"我在谈到伊莎贝尔·斯唐热时已经提到过，了解一些东西在某种程度上也是一个细细品味的问题。很可能是这一点——而不仅仅是因为弗纳为了帮助这只不幸的鸟儿而选择介入并干预，违反了科学准则——使得我最初认为他的做法是业余的——是那些所谓"喜爱"鸟类并大肆炫耀自己专业知识的人所采取的方法。这种行为源于品味。如果我们在类比的过程中抹杀了这样一个事实，即对那些热衷于收藏鸟类的业余爱好者来说，喜爱既不是一件浪漫的事情，也不是一种纯粹的关系，那么这样的类比就太过了。然而，如果我们考虑到，一方面，业余爱好者已经改过自新了，他们对待鸟类的行为也逐渐开始改变，那么这个类比就成立了；另一方面，如果我们读一读弗纳关于鹪鹩的故事，就会发现这些人（就像音乐爱好者、葡萄酒爱好者或其他仅仅因为喜爱而学会去品味的人一样）懂得如何品味，他们会寻找重要的微小差异，被这些差异所触动，并培养出使之变得有价值的艺术，那么这个类比就更立得住了。

让我们回过头来再看看各种假设。许多研究者还认为，领域的另一个功能是保护鸟类免受捕食者的侵害。鸟类了解这个区域，对一切都很熟悉，因此知道哪里可以躲藏——我们前文提到过鹪鹩25号，它的领域的缺点就是无法提供任何掩护。正如我们所看到的，领域还能保护鸟儿免受同类的干扰，尽管这种保护是相对的，深受雄鸟16号侵害的那对夫妇就是最好的证明。提到领域的这种保护功能总是绕不开竞争问题（争夺雌性或资源）。但是，20世纪40年代末，在动物学家瓦尔德尔·克莱德·阿利（Warder Clyde Allee）的领导下，芝加哥学派的生态学家提出了一个更广泛的假设，这一假设反映了他们对种群生活和这种"集合体"所创造、维持的相互依存关系的兴趣，以及对动物主观上体验自己生活的方式的兴趣。他们写道，研究人员往往"只关注并过分强调动物生活中的戏剧性时刻。但是，动物和植物一样，在很多情况下只是想努力活下去罢了；因此，关键是要寻找非戏剧性的关系，这些关系使得它们在没有任何大事发生的时候也要继续活下去。除了努力活下去以外，动物没有什么别的事情要做……在生活中最常见的，其实是有能力进行极端活动的动物却选择了静静地隐居"65。顺便一提，几位研究者的这种倾向促使他们对实验性的做法表示谴责，因为"除了等待和观察之外，观察者通常什么也做不了。事实上，耐心是对未受干扰的野生动物进行自然主义研究的先决条件之一，即使我们只关注选定的鸟类或哺乳动物。观察者本质上的没有耐心是生态学实验增多的主要原因之一"。

如果安宁是动物生活的一个关键方面，那么领域将因此发挥重要作用：领域不仅能提供一个保护区，而且还能提供一个在进行剧烈活动后可以暂时休息的地方。作者解释说，让鸟类在一个种群内持续活动，这样的要求太高了，最终会导致鸟类的疲惫和死亡。"周期性的休养通常伴随着相对的静止，在这种情况下，动物不再对外界刺激做出反应，或无法迅速做出反应，因此，休息和睡眠通常是在一个有庇护的地方完成的。"从这个角度来看，自相矛盾的是，领域里明明时常会出现骚动，却成了一个远离集体生活的安静地方，一个可以撤退的地方，但这样的悖论难道不正源于——至少在一定程度上是源于——研究人员对这种骚动的关注吗？领域可以提供一个与社会生活需求部分分隔的区域，提供一个休战期，在此期间，其他的习惯得到发展，并受到边界强加的行为惯例以及玛格丽特·尼斯所描述的"角色"的保护。简而言之，这是一个宁静地带。事实上，领域可能是与舒适性、可预测性和习惯有关的概念，正是尼斯自己提出的。她宣称，领域首先是一个习惯问题。通过给鸟类套环标，我们发现，无论是在正常情况下，还是由于实验原因被驱逐，许多鸟类都会返回它们的冬季栖息地。尼斯引用了英国鸟类学家和生态学家弗兰克·弗雷泽·达令（Frank Fraser Darling）1937年写的文章："保守的习惯是影响物种生存的一个重要因素，这种习惯使得动物倾向于将活动限制在特定的区域内，这种选择是个体或群体留在同一地方的另一个原因。*动物生活在特定的地方是因为它们喜欢那里。动物熟悉一块土地就能充分利用它，使自己过得更加舒适和幸福。*"[66] 而且，尼斯评论道，我们很熟悉这样的习惯，因为我们自己也倾向于坐在学校、教堂或公共图书馆的同一个地方。这种依恋地点的想法在这个领域是很罕见的，因为科学家通常倾向于不带任何感情色彩来看待这些概念。然而，我发现阿利和他的同事们（芝加哥学派的科学家）的研究是带有一定感情色彩的。他们谈到这样一个事实：通常，动物迁徙并不是因为遇到了危险，而是因为它们察觉到了令它们感到不愉快的信号。"我们无法决定是否应该从鸟类的这种行为中看到类似于美感的感受，或者是否可以把这一切看成精神平衡的无意识层面。"他们在后文补充表示，尽管注意避免拟人化确实很重要，但在他们看来，不得不使用表示"爱"的希腊语或拉丁语词根的词汇来描述一种生态关系［如 philopatrie（乡土恋）］，这是不幸的——"好像用英语说出来就很可笑，会遭到指责一样"[67]。

关于领域对鸟类的意义还有很多种说法。随着研究的推进，还会出现其他领域，这些领域形式各异，服务于其他目的和惯例。

考虑到变化正在成倍增加，这种变化不仅是在不同物种之间，而且也在不同栖息地的同一物种内部，有时甚至是在同一栖息地的同一物种内部，就像我们在鹪鹩的例子中看到的，因此要想找到一个统一的理论似乎就更不太可能了。例如，澳洲钟鹊可以稳定地生活在一个由 2 到 10 只钟鹊组成的群体中，其中最多可以有 3 对钟鹊繁殖后代——尽管生活在西澳洲的一个亚种组成了多达 26 只钟鹊的群体，其中包括 6 只选择多配制的雄性钟鹊。[68] 澳洲钟鹊的不同群体之间也存在差异。20 世纪 50 年代末，苏格兰鸟类学家罗伯特·卡里克（Robert Carrick）在澳大利亚研究这些鸟类时，在同一地点记录了 4 种不同的组织类型。他观察到，有一群常住居民，它们在广阔的领域上安家，那里还有丰富的食物。其他所谓的"边缘"群体则占据了较为贫瘠的区域。他指出，还有"流动"群体，它们在觅食区和筑巢区之间移动，以及"开放"群体，它们在牧场上聚集，在大约 1 公里外的森林里睡觉。后者没有领域，不筑巢，其中的部分鸟儿以前属于一个群体，但现在群体已经分裂了——一个群体中失去一只占主导地位的雄鸟，往往会导致群体的解散。据观察，在没有领域的群体中，雌鸟的卵母细胞不会发育。这些移动的群体能够产卵，但幼崽的存活率很低。成鸟被迫到更远的地方去觅食，导致幼鸟无人看管，经常遭到乌鸦、猎鹰等掠食者的迫害，根据作者的说法，还会遭到未成年智人的迫害，这些智人会偷走幼鸟作为宠物饲养。这些群体的最后一个特点是，不仅常住群体和流动群体的死亡率不同，领域不同也会导致死亡率的差异。在 1956 年那个寒冷潮湿的冬季，一种结核病杀死了许多鸟儿。由于这种疾病是通过接触传播的，所以没有任何一只有领域的鸟儿因此死亡，然而，作者指出，在疫情最严重的时候，每天都能捡到很多死去的鸟儿，它们都属于开放群体。这一简明扼要的描述表明，可能还存在许多与领域相关的不同功能：在疾病流行期间，与领域没有太大关联的钟鹊的死亡证明了戴维·赖克和其他许多人的观点是正确的，他们认为，由于领域划定了距离，所以可以保护鸟类免受寄生虫和其他传病媒介的侵害。稳定的领域带来的成功表明，领域为鸟类寻找食物提供了一种真正便利的方式——这可能不是唯一的功能，但显然能让生活更便捷。领域使社会生活得以建立，有利于鸟类的生理发展，从而能繁殖后代……

其他研究人员也报告了对集体巢穴的观察。在这种情况下，对领域的保卫是一种集体保卫，与性别和食物都无关，只是为了保护一块土地，这块土地实质上是筑巢地点的延伸。

领域正在成倍增加。随着新发现的不断出现，其他的领域也出现了，我在这里指的不再是其他假说，或者其他观点，而是其他领域，其他居住方式，因此也是在这个世界上与其他生物和谐共处的方式。随着研究的增加，习性——我指的是鸟类的习性——变得越来越多样化。由于习性本身会因环境而改变，而且鸟类有非常不同的生命旅程，这些旅程不仅有利于新功能的出现，有时还能保留祖先的习性，因此这种习性的差异就更显著了。所有这些都意味着，对领域的选择并不一定能证明这是对我们所知情况的最佳适应。例如，欧亚大山雀在北欧国家的原始森林中进化，由于捕食者数量众多，它们受到了强大的选择压力。随着森林不断被破坏，捕食者基本消失了。人们在许多地点安装了人工筑巢箱，这大大提高了大山雀的密度。然而，没有任何证据表明它们是根据某些理论——如食物供应理论——来选择领域的，我们也可以轻易假设它们继续受到间接迹象——被捕食者攻击的风险降低——的指导。

正如我前面提到的，罗伯特·海因德得出的结论是，将任何特定功能归于鸟类的某一特定领域都一定是不可靠的。他补充说，只有对某一特定鸟类的生活史有深入的认识，我们才有希望了解领域对它们所起的作用。美国动物行为学家朱迪·斯坦普斯（Judy Stamps）对此表示赞同，她指出，虽然这些结论毫无疑问是中肯的，却使得实地调查的科学家和理论家无法就这些功能提出一个总体理论。[69] 我还想说，这样就更好了。但她的说法并不完全正确。

*

对　位

不完全正确的原因有二。首先，虽然从 20 世纪初到 50 年代末这段时期来看，朱迪的说法可能部分正确（而且只是部分，我们将在下一章中看到），但 60 年代出现了一个重要的转折点。多亏了经济理论的帮助，研究人员终于找到了转向普适性的方法。他们将经济理论应用于一系列问题，这使得他们能够计算出每种行为策略的成本和收益，并以数学模型的形式呈现出来。随后，越来越多的人开始制作这样的模型。领域战略成为热门话题。持有或保卫领域的行为与以下几方面的成本有关：保护领域和维持边界所耗费的精力，还有自我展示、警告行为和攻击行为所耗费的精力，以及驱逐对手时所承担的风险。而收益是按照获得有限资源的可能性计算的，雌鸟也被算作资源。通过给这些收益（与食物供应、繁殖或种群密度调节有关）分配函数，并以估计的成本加权，这些模型使得制定"从进化的角度来看是稳定的策略"成为可能，从而使各种个体的故事数学化。毕竟，在这个问题上还是有规律和法则的。我们最终将有可能摆脱这种无可救药的多样性，摆脱这些毫无纪律的个体生活，摆脱扰乱总体图景的状况，摆脱生物对各种变化所表现出的令人担忧的兴趣。我们已经找到了一个以经济学形式存在的通用转换器，终将能够把领域限制在一个统一的理论框架内。

但是，如果我们使用经济学家的语言，也要付出一定代价。第一个代价可能听起来会像传闻轶事，那就是阅读文章已经变成了一项极其繁重的任务。文章中充斥着大量的数字、方程式和图表。并不是完全没有谈到动物，只是通常在文章结尾才会提到。等各种模型的方程式证明了什么是最合理的选择后，就会出现某种动物来证实其正确性，并表示，是的，它们就是这样安排自己活动的。在这种情况下，它们确实保持了非常一致的步调。但或许是因为比起数字我更喜欢故事，又或许是因为我对图表、五颜六色的饼状图以及显示成本和收益的曲线起伏之美不够敏感，所有这些都没能打动我。然而，与此同时，还有一些事情被提及，更重要的是，还有一些事情没有被提及。因为要付出的代价不仅仅是品味的问题，还涉及疏忽的问题。布鲁诺·拉图尔（Bruno Latour）解释说，这种模型的代价是要求经济理论坚持一种最新的信念，根据这种信念，"个体——不论是主权国家、动物还是人类——的利益只能通过一种方式来计算，即把这个独立存在体的利益置于它专属且可以行使主权的领域上，并将所有不应该考虑的东西都转移到'外部'。'外部化'这个技术术语很好地展现了这种计算的新颖性和人为性——这完全就是精打细算的失误的同义词……"[70]。

这些经济模型旨在给领域的组织方式制定规则，但大多数只专注于食物资源，所以存在大量故意忽略的"盲点"。因此，正如研究人员朱迪·斯坦普斯所观察到的那样，来自捕食者的风险被从所有计算中排除了，寄生虫以及其他一些可能很重要的因素也被排除在外。最重要的是，这导致在研究人员的文章和想象中，可能激励动物的因素大幅减少，包括一切社会因素。随着经济学理论的发展，人们将焦点转向了同类竞争所产生的影响。邻居、流浪者、入侵者……所有这些因素都被纳入了一个方程式，成为影响领域保卫所需成本的因素。在这里应该指出的是，人们的观察方法极大地促进了这种思维方式的形成：因为攻击行为更明显、更容易被看到，也更容易测量，而拥有领域的鸟类可以相互提供的更为微妙的社会利益，却无法观测，或者说是很难观测的，这些社会利益有时是由鸟类积极提供的，有时只要鸟类存在那里即可。例如，与其衡量一只鸟儿发现或驱逐可能构成威胁的入侵者的能力是否受到邻居影响，统计这只鸟儿参与争斗的次数显然要容易得多。此外，相当多的研究是在实验室里进行的（鱼类尤其如此，但鸟类也未能完全逃脱同样的命运），在这样密闭的空间里，动物有时要想应对超出其控制范围的情况，唯一的方式就是发起攻击。鉴于领域是由食物资源的质量来界定的，竞争这一思维方式也变得更重要。因此，这种计算几乎是事先算好了的：如果种群密度增加，食物供应就会减少；换句话说，动物别无选择，只能相互竞争。[71] 鉴于动物的领域似乎首先提供了保持距离的可能性，人们就排除了一个早期让一些研究人员感到困惑的观察结果：矛盾的是，有领域意识的动物似乎会寻求其他动物的在场。占有领域可能只是满足这种需求的一种方式。我们将在后文继续讨论这个问题。

# 第三章　种群过剩

因此，领域行为的实质就是调节赢家的数量，并将鸟类分为"有领域的"和"无领域的"。

——V. C. 韦恩-爱德华兹（Vero Copner Wynne-Edwards）[72]

正如我已经指出的那样，经济理论并不是唯一一个试图在一系列纷繁复杂的功能中重新引入某种秩序的理论。在此之前，确实有研究者提出过一种特别的理论，他们毫不掩饰自己的雄心壮志，试图确定领域存在的最终原因及其真正功能，一种与众不同的功能。简单来说，人们提出这种理论无非是要在这个问题上有最终发言权。

其实种群调控、人口调控或种群密度调控理论很早就出现了，虽然一开始还没有像后来那样包罗万象。最早是由莫法特提出的。根据他的说法，领域将一个给定的空间分割成若干小块，到了一定时候，所有这些小块都会被鸟类分别占领："一旦达到这种幸运的状态，每年都会有相同对数的鸟类进行繁殖，也会有同等数量的鸟巢和被抚养的幼鸟；无论冬季死亡率高低，这片区域的鸟类总数都会保持不变。"[73] 按照莫法特的计算，如果要用达尔文关于生存斗争的这一巨大悲剧来解释种群的相对稳定性，那么就要求幼鸟在达到繁殖年龄之前的死亡率高达 90％。如果说同类相食的鱼类或像昆虫那样繁殖力强的物种还有可能达到这么高的死亡率，那么对鸟类来说，这样的死亡率就不那么合理了。莫法特对一群燕子跟踪观察了多年。他注意到，每年春天返回的鸟类数量几乎与秋天离开的鸟类数量相同。他表示，著名的迁徙危险充其量是间歇性的。可能偶尔会有一场毁灭性的风暴或一个严冬，但此类事件发生的频率很低，并不足以阻止鸟类数量的几何级数增长。因此，肯定还有其他限制因素在起作用，莫法特写道，即使我们对这个过程所知甚少，"我认为我们不应该接受一个未经证实的假设，即这些因素总是通过死亡来发挥作用"[74]。通过隐喻的方式，达尔文成功将生存斗争的概念相对化了，但他没有考虑到，许多动物过着"老单身汉和老处女"的生活，这才是阻碍动物数量几何级数增长的原因。人们一直认为，鸟类会为了雌性而相互争斗，但如果它们总能找到一个伴侣，为什么还会出现这种情况呢？毕竟根据莫法特的说法，雌性和雄性的数量是一样的，而且显然，随便选哪一只当配偶都一样。但是如果争斗的结果是"为了阻止被打败的鸟类在附近繁衍后代"，那就完全是另一回事情了。"鸟类可能意识到了，也可能没有意识到保护未来的家庭免受过度拥挤之害的重要性"，但是，"由于土地是有限且珍贵的东西，春天到来时，雄鸟就必须互相争斗来解决这个问题"。每一场战斗结束后，失败者都会被驱逐，它的配对计划也就破灭了："不是它找不到伴侣，而是它没有家可以提供给伴侣。"我应该顺便强调一下，从莫法特的话语中，我们已经可以感受到这种"无视差异"的萌芽，这将成为种群调控理论的特征——一个适用于所有情况的模型，从他的假设开始，一切都变得"毫无差异"了。例如，在雄鸟的眼中，所有雌鸟"都是一样的"，或者认为雄性和雌性的比例是相同的，这种说法只是理论上正确，事实常常并非如此，因为不同性别鸟儿的死亡率是不同的。而且，虽然土地可能是有限且珍贵的东西，但并非在哪里都是如此。

霍华德也提出过一个类似的假设，虽然相对来说没有那么不切实际。但康拉德·洛伦茨在其著作《论攻击——罪恶的自然史》[75]中阐述了一个理论，使得人们对这一主题的热情达到了顶峰。洛伦茨首先考察了一个问题，从标题就可以看出：像攻击这样一看就是罪恶的事情，能带来什么好处？如果说攻击性在捕食者和被捕食者之间所起的作用是完全可以理解的，那么我们可能想知道，为什么攻击性也存在于同一物种内部。根据洛伦茨的观点，攻击的首要作用是确保个体在既定空间内的分布不要过于密集，以避免资源被过度开发。如果一定数量的医生和面包师想要在某一特定地区谋生，那么他们就住得越分散越好。对占据了一个特定空间的动物来说也是如此：它们应该尽可能均匀地分布在可居住的生活空间中，这对它们来说是有利的。在可居住的群落生境①中，如果哪片区域单一物种的种群过于密集，可能会有最终耗尽食物的危险，为了避免这种危险，鸟类选择了最简单的方式——攻击。因此，在洛伦茨提出的假设中，攻击行为是为了调节距离，控制鸟类个体在既定空间内的分布。这一分配过程催生了领域行为。[76] 当然，攻击性是一种主导力量，但是，正如洛伦茨所强调的，有许多不同的机制来引导和"教化"它。尤其包括展示和仪式，还有能使战斗推迟甚至可能代替战斗的威胁行为，也存在将攻击转移到其他行为、重新定位或抑制攻击的可能性。

毫无疑问，上述理论很有吸引力。原因可能有很多。首先，鉴于人们赋予鸟类的动机实在是过于繁多，因此

① 群落生境（biotope），又称生物小区、生态单元，是在一个生态系统里可划分的空间单位，既包括自然形成的风景，如小溪、森林等，也包括人类建造的风景。

这一理论的统一力量肯定是有说服力的。其次，该理论还有一个优点，研究人员也很了解，即很容易通过实验进行测试。例如，如果能证明，当雄鸟被赶出它们的领域时，其他鸟类很快就会取而代之，并急切地开始延续物种的冒险，这就能说明有相当数量的未交配鸟儿被排除在繁殖之外，"以保存资源"，同时在极端条件和高死亡率的情况下也能有食物储备。再次，这一理论还符合我们根深蒂固的观点，即自然选择更青睐强者，因为只有它们被全权委托将自己的基因传递下去。这也符合在资源有限的世界中竞争的理念。但有限是受谁的限制？是如何限制的？在哪里限制？19世纪晚期的俄国博物学家彼得·阿列克谢耶维奇·克鲁泡特金（Pierre Alexandre Kropotkine）已经证明，资源的限制和种群过剩并不是自然界的普遍问题，它们只是在某些特定情况下才构成限制。[77] 尽管有无数的案例表明，事实并非如此，自然选择的原因不止一个，而且很多事情其实与自然选择无关，但是，选择一块领域是为了避免种群过剩这一观点仍然占据主导地位，这是相当令人惊讶的，因为我们至少可以说这一观点已经被事实充分驳斥了。

如果鸟类能够避免局部的种群过剩，这并不一定意味着它们在更广泛的范围内也会这样做。荷兰研究人员花了很多年时间来研究当地几种山雀的种群密度。[78] 他们观察到，在一片特定的区域，鸟类的总体数量每年都保持不变，但在筑巢区种群总是过于密集，每年可获得的食物也都不一样。一旦已经有了一定数量的鸟类在此定居，随后到来的鸟类就会飞往别处，选择一个条件虽不太好但种群不那么密集的地方。戴维·赖克引用了欧亚大山雀的例子。他指出，大山雀还没出巢时的死亡率很低，死亡更多是发生在资源短缺——这里指的是毛毛虫——的情况下，通常是在鸟类生第二窝的时候：幼鸟饿得尖叫，吸引来了捕食者。赖克的计算很简单：如果每对大山雀每年产下 12 到 13 个蛋，鸟类数量的增长率应该是 600％。然而，长期来看，鸟类总体数量并没有任何增长。此外，部分区域鸟类的种群密度经常超标。根据赖克的说法，种群数量是由食物资源而不是领域控制的，而且只有在后期幼鸟开始独立时才会起作用。只有在这个特定时刻，资源短缺才是导致高死亡率的一个决定性因素。

许多研究人员也对种群过剩理论提出了质疑，因为该理论没有考虑到一个非常重要的观察结果：鸟类显然是想把它们的领域集中在一起的。它们为什么不把领域分散开来呢？当然，有人可能会说，最有吸引力的地方自然会吸引最多的鸟类。但情况似乎并非总是如此，鸟类这么做可能还有其他原因。根据瓦尔德尔·克莱德·阿利和他来自芝加哥的生态学家同事的说法，由于人们过于关注种群过密的问题，往往就忘记了种群过疏对某些动物来说也是一个同样关键的问题。阿利特别关注这一层面并非巧合，因为他在工作中一直致力于关注在一个"生态集合体"或他所谓的"生命共同体"中，每个生物或有机体与其他生物或有机体是如何互相依赖的。这些术语强调了这样一个事实，即在这样的集合体中，所有生物都成了其他生物的生存条件之一，发挥着至关重要的作用——阿利称之为"促进"或"原始共生"。一个群落中的所有存在，无论是活的还是死的，从使生物体得以呼吸或补充土壤肥力的细菌，到"大批在海洋中死去并沉入海底的有机体，它们让处于浩瀚无边且暗无天日的海洋深处的生命得以发展"，所有这些都在"原始共生"中相互关联。[79] 事实上，阿利借鉴了达尔文的"生命之网"概念以及他所用的例子，达尔文通过这个例子说明了在一系列的相互依存关系中，一个生命对另一个生命最意想不到的重要性。达尔文在英国的某个社区附近观察到，猫的数量和红三叶草的数量之间存在着某种关系。这个地方的猫会捕食田鼠，而田鼠会捕食一种在地下筑巢的土蜂，土蜂反过来又为该地区的红三叶草授粉。这就意味着，土蜂的数量越多，红三叶草就会越多，而只要猫继续阻挠田鼠的生活习性，就会有更多的土蜂。当然，我们还可以扩大这个群体，调查喜欢猫的独居老太太的存在，把她们放到一个故事网络中，观察她们的数量是如何受到男性存活率的影响，等等。阿利没有提出这样的建议，不是因为他试图将人类和非人类群体分离开来，而是因为除了达尔文所提出的东西以外，他无法讲述更多关于这个特定群体的东西，因为他所要拒绝的正是从一个给定的群体轻松地过渡到一个可以作为例子的概念性群体，从而给出概括性观点。我应该指出，阿利从未停止过关注人类和非人类群体以及跨物种的集体，但他总是小心翼翼地把这种思考作为一个出发点，这样一来，无论他所说的适用于哪一特定的生命集合体，都只教会了我们在该群体中可能发生的事情，而不是普遍适用的事情。不过，在描写了蜜蜂、鹌鹑或有蹄类动物的群落之后，我们还是在他的作品中看到了一个相当令人惊讶的例子，那就是他过渡到了北美门诺派群体，这些是阿米什人，阿利亲自与他们的中央委员会成员进行交谈。[80] 在社区存在的最初几十年里，由于交通不便，与其他社区的交流很有限，因此阿米什社区要想正常运作就需要至少 50 户家庭。50 户家庭能够确保社区的相对自治，因为他们可以提供基本的社区服务：鞋店、杂货店和理发店，以及教堂和学校，这些都可以由社区成员提供，社区成员之间还可以通婚。在对这些拓荒者特别有利的条件下，40 户家庭几乎就可以维持社区的正常运转，但低于这个水平，社区就会变得脆弱。社区成员要么被迫接受安排好的社区内通婚，要么就与社区外的人通婚；随着社区成员数量的减少，与外部世界的接触就会增加，从而造成越来越多的混乱。但也有一个最大的人口规模，超过了一定数量，教会的组织系统就无法再有效运作，平信徒也不会再积极参与教会事工，社区内部的竞争最终往往导致社区的分裂。在当时的条件下（阿利是在 20 世纪 40 年代写的），交通和通信的改善使得一个社区只需要 20 到 25 户家庭就可以生存——只要他们能与其他人保持密切联系——但低于这一数字的社区依然很脆弱。

这里提到阿米什人，不是为了给一个普遍的问题提供一个解决方案，而是为了表明，无论每个社区可能有多么不同，都面临着一个特定的问题，即社区人数如何影响相互依存关系。如果阿利把注意力转向阿米什人，那是因为他们已经面对过这个问题，并且清楚地知道对他们来说什么是重要的，以及为了实现这个目标需要什么条件。因此，阿利不是要进行消灭一切差异的"一刀切"类比，也不是要找到适用于所有情况的公式或方程；相反，他是要调查同样的问题何以在一定历史时期影响所有聚集在一起的群体——我们需要多少人口才能维持现状？需要多少人口才能确保对我们来说重要的东西留存下来？这个问题每次又是如何以一种符合当地情况且适合时代背景的方式得到解决的？阿利继续说道，可以理解的是，如果种群过疏是一个和种群过密同样严重的问题，甚至可能比种群过密还要严重，那么某些物种的数量一旦少于最小阈值就注定要灭绝。那些以消灭一切所谓的害虫为己任的人都知道这一事实：没有必要把它们全部杀死，因为一旦种群数量低于一定的阈值，个体就会自然死亡。这样的事情就发生在旅鸽身上，着实令人扼腕，旅鸽是一种非常多产的鸟，考虑到它们的数量和繁殖热情，没有人会认为它们的种群在任何意义上是脆弱的。某些动物有一个最小阈值，种群数量低于这个阈值，它们就无法再进行繁殖。对许多鸟类（虽然不是全部）来说，在某种程度上，其他同类的存在是有益的，但有一定上限，例如，可以刺激生殖功能，甚至可以使鸟类的繁殖模式同步。阿利还指出，对一些动物来说，由于它们非常显眼，因此种群过疏可能是有好处的；对另一些动物来说，如生活在人烟稀少地区的麝鼠，它们分散在一个广阔的区域里，雌鼠的发情期非常短，种群过疏可能导致雌鼠几乎没有机会遇到雄鼠。还有一些动物显然有适应性更强的容忍阈值。例如，不是说一对挪威鼠就能成功占领丹麦的德吉特岛①，而一对重新引入的海狸就能生下整个海狸部落吗？我们不能强行将一个社区和另一个社区的解决方式联系起来，我们只能指出，某些问题（尽管不是所有问题）是共同的，某些解决办法可能是相似的，尽管在每个案例中，解决办法是以不

---

① 德吉特岛（Deget），组成丹麦希斯霍尔梅讷群岛的一个小岛，位于卡特加特海峡。由于在此地栖息的鸟类数量庞大，自 1938 年起希斯霍尔梅讷群岛成为丹麦的一个自然保护区。

同方式制定的。

　　按照阿利的模型，每个群体的生活都可以用一条曲线来描绘，这条曲线表明了能让该群体生存下去的种群阈值范围，但这个模型并没有引起太多人的兴趣。根据朱迪·斯坦普斯的说法，原因很简单：研究人员试图验证在他们所研究的种群中这条曲线是什么样的，他们观察到，种群密度的微小变化有时会对动物在特定栖息地的分布方式产生非常显著和多变的影响。斯坦普斯表示，阿利的模型因此被放弃了，不是因为它不现实，而是因为研究人员不知道如何运用它。[81] 换句话说，科学家希望这个模型能简化他们的生活，但最终却使事情变得更复杂了。然而，根据斯坦普斯的说法，有许多因素可以支持阿利的假设，但前提是放弃某些惯性思维，尤其是定义资源的方式。以雌性动物为例，研究人员通常认为雌性只是雄性的资源。但显然，雌性动物自己可不会同意，因为它们在这件事情上有自己的发言权，它们也会积极选择栖息地、领域和雄性动物。如果我们认真对待这一特征，很明显，雄性是否成功并不一定取决于它们在特定区域内的种群密度，相反的情况更有可能发生：大量雄性的存在可以吸引更多的雌性，这才是成功的一个标准。这就可以解释为什么某些鸟类（还有某些有蹄类动物）会选择距离彼此非常近的求偶场地作为自己的领域。

显然，上述因素也证明了种群调控理论迫使我们忽视的一个事实：领域是一个社会活动的场所，远比这些模型给予我们的想象要复杂得多。我们将会看到，在这些活动中，距离的艺术也可以是与他者协调、妥协的艺术。毫无疑问，这种忽视也表明，在我们看待领域的方式上有顽固的思维惯性所留下的印记：过分执着于一个想法，即空间的划分只存在"有领域的"和"无领域的"两种情况，同时偷偷摸摸地，有时甚至与宣称的意图相反，将领域和财产联系起来；过分迷恋攻击性——甚至当动物成功转化了这种攻击性时，我们都没有称赞它们的努力，反而把一切都归功于进化——结果就是最终很多人都赞同了一个观点，即领域服务于最强的个体，因此会谨慎地确保最好的基因得以传递。

*
## 对　位

我们这个物种对"自己的"环境破坏得更彻底，或许是因为环境根本就不是属于自己的。

——法比安娜·拉福兹（Fabienne Raphoz），
《因为鸟类》（*Parce que l'oiseau*）[82]

在所有旨在解释领域功能的理论中，种群调控理论无疑是最具分量的一个，且有不断与生物学、政治学和伦理学相互融合的迹象。从理论的角度来看，我觉得这也是我们最接近把领域作为财产概念来看待的时刻。或许，这一特征与该理论试图提出适用于所有物种的总括性理论这一野心并非毫无关系。又或许，该理论继承了太多的东西、太多的假设。但是，绝非巧合的是，该理论也导致了我在领域研究过程中遇到过的最野蛮、最暴力的做法。简而言之，这些做法旨在确定如果鸟类不在那里会发生什么。为了找到答案，人们杀死了鸟类。

当然，这种方法也曾被用来验证其他假设。例如，1802 年，在鸟类学历史的早期阶段，英国博物学家乔治·蒙塔古（George Montagu）就已经指出，雄鸟唱歌是为了让雌鸟看到自己。证据就是，一旦它们成功配对，歌声就减少了。但这样的证据对蒙塔古来说还不够充分，于是他展开了进一步的实验：当雌性赭红尾鸲被带走，雄鸟就又开始歌唱了。[83] 1932 年，鸟类学家鲁德·齐默尔曼（Rud Zimmerman）杀死了几只有伴侣的伯劳鸟——3 只雄鸟和 4 只雌鸟——以评估缺席的伴侣需要多长时间才会被取代。这些并非个例。但是随着种群调控理论的发展，这种行为会变得更加普遍。

如果像种群调控理论所宣称的那样，在任何时候，都有一些鸟类由于没有领域而无法成功找到配偶，那么一定会有大量的单身雄鸟等待着迁入的机会。1949 年，鸟类学家罗伯特·斯图尔特（Robert Stewart）和约翰·奥德里奇（John Aldrich）在缅因州的一片森林里对鸟类展开了研究。[84] 他们说明了自己是如何通过与另一个研究项目相结合，成功收集了美国北部克罗斯湖附近的森林中鸟类种群的大量动态信息。他们提到的另一个研究项目的目标是确定鸟类在控制云杉蚜虫数量方面所起的作用，这些鸟类是以云杉蚜虫为食的。此外，我还发现了一些研究人员没有提到的事情：这项研究实际上是由控制缅因州北部森林木材生产的行业赞助和支持的。[85] 我就略过细节只说重点了。斯图尔特和奥德里奇计划在繁殖期杀死一个特定区域内的所有鸟类，即所谓的试验区，而不伤害另一片面积差不多的区域（对照区）的鸟类。大屠杀呈现出世界末日般的规模，因为每当一只雄鸟被杀，就会有另一只雄鸟来取代它。所有物种加起来的话，最终被杀死的雄鸟数量超过了第一次鸟类普查数量的两倍。

我在这里只提到了雄鸟，并不是因为研究者打算放过雌鸟，而是因为雌鸟通常不那么显眼，除了那些正在孵卵因此更容易被找到的雌鸟外，它们中的大多数都设法逃脱了捕捉。此外，奥德里奇和斯图尔特认为，一旦雄鸟被杀死，雌鸟就会离开领域。不同种类鸟儿的替换节奏也不同，这使得研究者可以估计出多余鸟儿的数量——也就是等待领域的鸟儿的可能数量。这样一来，有关领域在种群调控中所起的作用的理论就得到了经验的证实。我应该补充一点，次年，也就是 1950 年，康奈尔大学保护研究所的另一组研究人员在同样的地点进行了完全相同的实验。[86] 这一次，被杀死的雄鸟更多了，因为鸟类的替换率更高。由于实验是在鸟类产卵期进行的，那是一个气候特别温和的五月，因此许多雌鸟也成了这项研究的受害者。这些实验证实了莫法特早期的假设，尤其是他声称，有大量多出来的雄鸟正在等待一块空出来的领域，以便开始繁殖的冒险。莫法特还表示，在死亡率很高的情况下，大量没有领域的雄鸟可以起到"缓冲"作用，因为它们构成了一个储备，使该物种得以存在下去。但是，研究者指出，在反复发生灾难的情况下，我们就不知道这些雄鸟是否还能起到这样的作用，也不知道储备数量是否足够。而且，根据他们的说法，只有长期的研究才能评估这种可能性，这让人感到毛骨悚然。

几年后，美国鸟类学家戈登·H. 欧瑞安斯（Gordon H. Orians）对同属雀形目的红翅黑鹂和三色黑鹂进行了类似的处理，以支持这一声称领域可以调控种群密度的理论。[87] 他杀死了有领域的雄鸟，来测试它们的领域被重新占领的速度。在 20 世纪 70 年代初，苏格兰鸟类学家亚当·沃森（Adam Watson）和罗伯特·莫斯（Robert Moss）对红松鸡进行了类似的调查。他们观察到，在某些年份，红松鸡的种群密度非常高，领域范围却大大缩小，以此为出发点，他们想知道为什么有些地区有这么

88

多红松雉，而另一些地区则没有。他们给土壤施肥，以评估食物的质量对繁殖的影响；给雄鸟注射睾丸激素，以测试攻击性对领域大小的影响；杀死一些雄鸟，以测试它们被取代的速度。[88]

虽然我们已经有了一种在任何地方对任何动物都适用的最平衡的一般性理论，但要提出能描述脆弱的局部环境的发展以及可能因此产生的各种调整和微妙关系的理论，我们还有很长的路要走。美国灵长类动物学家和狒狒专家雪莉·斯特鲁姆（Shirley Strum）表示，自然选择对试验和错误是有一定容忍度的，而我们冒险的发明和实验还远远没能证明这个容忍度究竟是多少。最重要的是，一些科学家努力对他们所观察的鸟类保持敏感，或者通过努力了解对鸟类而言重要的东西来保持敏感，这样的关注模式我们也还远远没有做到。例如，一些研究人员为了监测和识别鸟类会给它们套环标，玛格丽特·尼斯相信这样不会给鸟类带来麻烦。这些都是表达喜爱的行为——在偶然的巧合下，给一只鸟儿套上环标，意味着与它建立一种联盟，这不就像订婚一样吗？但这样的联盟是不对等的，因为鸟类并没有什么期待。相反，从那一刻起，是研究人员自己许下了承诺。或者像杰瑞德·弗纳那样，他被 25 号雄性长嘴沼泽鹪鹩的笨拙所触动，这只鸟儿之前一直不走运，因此他就帮忙把鸟巢牢牢地固定住了，以防掉落。

当然，我不能确定一些研究人员这么做是否因为受到了这些做法背后的种群调控理论的启发或驱使。可以说，这些方法在当时并不罕见。毫无疑问，许多旨在证明生物的存在起到了什么作用的实验，都没有找到比用"不存在"代替"存在"更简单的方法——这种方法在科学文献中被淡化为"鸟类收藏"。可能有人会说，我所指责的这些研究人员的行为是受到了时代限制，而我们现在不可能再忽视鸟类突然消失这样的事情了。但是鸟类灭绝并不是这里唯一的问题。由于生活在一个饱受摧残的世界里，我们的情绪反应已经改变了，我正是带着这种情绪去重读那些从前的情境。这些情绪反应被巴蒂斯特·莫里佐恰如其分地称为"生态焦虑"（solastalgie），即因为失去熟悉环境的舒适感而引起的一种情感或生存困扰，这种情绪会让我们意识到已经失去以及正在失去的东西。[89] 正是受到了这些情绪的影响——这么说或许是不太公正的——我不禁想到了这些生活被打乱和摧毁的鸟类（这一方面最终被物种灭绝的问题掩盖了，但这段历史让我们又重新意识到了）[90]，不禁想到，当它们熟悉的环境突然失去了意义：雄鸟被猎杀，雌鸟四处逃散，新来的鸟类陷入了一个它们无法理解的陷阱，这个时候它们该有多么恐惧、多么惊慌。我正是带着这种失落、愤怒和悲伤的情绪来评判一个世界及其做法，这个世界距离我们并不是很遥远，却充斥着我无法再理解的情绪。但我也可以将注意力转向与这些"收集"行为同时发生的其他行为，有那么一些人，他们拒绝追随前人的脚步，他们很耐心细致，会好好照顾自己的观察对象，在鸟类引起他们兴趣的同时，他们也给出了充分的回应。

我们还记得，阿利用"缺乏耐心"来形容那些进行实验的人，因为他们永远嫌大自然回应他们问题的速度不够快。阿利的观点无疑是正确的，但我认为这一理论涉及的不仅仅是缺乏耐心的问题，尽管它和缺乏耐心有共同的特征，即允许甚至促进了某些形式的疏忽。我相信，种群调控理论的存在，即理论的姿态本身，就宣告并塑造了科学家与他们的研究对象建立联系的方式。这些都是"粗心大意"的理论，与他们调查的重点并没有太大联系，却被强行应用。这里又是如此，一切都进展得太快了，没有经过充分的思考。

谈到那些陷入蚜虫问题的鸟类，我也不能确定，在背后引导了这种研究方法的是这两个研究项目中的哪一个：是那个旨在验证种群调控理论的研究？还是另一个资助研究，通过将蚜虫的生态系统简化到极致来评估天敌捕食对蚜虫影响的项目？但是，在这两种情况下，研究背后的动机显然有一个共同的维度。这些做法，无论是以管理资源开发的经济学（或马尔萨斯）理论为指导，还是服务于开发森林资源的产业，都继承了同样的现代自然理念，即环境首先是也可能仅仅只是一种可供开发的资源，是我们可以随心所欲地使用、滥用和占用的东西。[91]

二级和弦

# 对　位

> 一个界域（territoire）① 借用了所有的环境，它
> 侵蚀着它们，攫住了它们（尽管在面对入侵时它仍
> 然是脆弱的）。
>
> ——吉尔·德勒兹和费利克斯·加塔利[92]

我的朋友马科斯·马泰奥斯·迪亚兹（Marcos
Matteos Diaz）告诉我，"解决领域问题需要有领域策略。
而真正的领域策略包括在领域内找到一些回旋余地"。然
后他又说："这样一来我们就又可以自由呼吸了。"[93] 当他
说这些话时，我还没有完全意识到他说得多么正确。领
域是一个地方，在领域上，各种事情和事件都以不同的
方式再次上演，在那里，做事的方式、存在的方式也可
能出现在其他联系、其他组合之中。因此，思考领域需

---

① 本文的关键词之一"领域"与德勒兹在《千高原》中提出的"界
域"概念在法语中都是 territoire 一词，但显然德勒兹的概念更为
宽泛，并不局限于动物世界，因此，本文中与他的研究相关的部
分按照中译本统一翻译为"界域"，而其他地方依旧采用"领
域"，便于理解。

要某种特定的姿态：这意味着当结果与原因过于紧密地联系在一起时，当功能将动物行为与选择性压力紧密联系在一起时，当存在方式被大幅减少以服从少数原则时，要设法创造一些余地。这也意味着放慢节奏，让新鲜空气进来，自由发挥想象力。从领域中走出来，然后再返回领域。重读吉尔·德勒兹和费利克斯·加塔利的《千高原》后，我才明白了马科斯的意思。

我不得不重读他们的作品。不妨直说，我一开始对德勒兹很有意见，对他抱有某种恼怒的怀疑，我不太喜欢他谈论动物的方式。这可能有点离题，但他对宠物的极度蔑视和对爱宠物者的严厉评判令我不安，无论是纪录片《德勒兹的 ABC》（l'Abécédaire）——严格来说是"A -动物"（A comme animal）这场讨论——还是《千高原》。在这本书中，德勒兹和加塔利毫不犹豫地将那些喜欢狗或猫的人视为"傻瓜"，并对老太太进行了抨击。[94] 唐娜·哈拉维在她的著作《当物种相遇》（When Species Meet）一书中毫不含糊地指责了德勒兹和加塔利，她严肃地提出了质疑[95]：事实上，德勒兹和加塔利难道不是对日常生活和普通事物表现出了深深的蔑视吗？他们难道不是对真正的动物完全缺乏好奇心吗？即使他们经常在著作中引用这些动物。我完全同意她的看法。对我来说，这感觉就像是动物被当作人质，卷入了一个与它们无关的问题。就宠物而言，这当然是真的。但是，为了诚实起见，我应该补充一点，这个问题与其说是关于家养宠物，不如说是关于被当成家庭一分子的动物：人们常常从亲子关系的角度来看待这些动物，将它们与人类角色相提并论，甚至把这些关系放入俄狄浦斯式的家庭结构——父亲、祖父、母亲、弟弟——两位作者在这里特别提到了精神分析的语言。因此，他们反对的不是与宠物保持一般关系，而是与宠物保持人际关系。他们说，真正爱动物的人，会和动物保持一种动物关系。确实如此，但我还没有完全被说服，我也不确定我是否想被说服。劫持人质的问题在于，替人质说"不要以我的名义！"，这样总是有问题的。

说回正题。我现在只对领域问题感兴趣，这也是《千高原》中最基本和最关键的概念之一，特别是在第11章（"迭奏曲"）中。我在研究之初就读过这本书，不得不承认，我当时就觉得很难。一方面，这一切似乎都太抽象了，与我所寻找的东西毫无关联；或者，更确切地说，这些似乎都不能帮助我确定自己到底在寻找什么。此外，这本书再次激起了我在阅读他们对宠物的评价时所感受到的那种愤怒：事情进展得太快了，我在阅读塞尔的《私有的恶》时感受到过同样的失望和不安。我说不安，是因为我不得不同意塞尔的观点，同意他的愤怒，同意他试图让我们感受到的东西。我本可以全心全意地支持他所要做的事情：让我们不再忍受对环境的污染。但不是以这样的代价，不是以这种方式。德勒兹和加塔利也让我有同样的不安，尽管他们各自的方法之间存在巨大的差异，因为在我看来，一切都进展得太快了，没有足够关注潜在的差异——我想，只要一有人说"那些动物"，我就会有所顾虑。

由于《千高原》是一台真正意义上的概念制造机，是一本令人生畏的难懂的书，因此这种不安会更强烈，德勒兹说哲学是一种"恐吓行为"，一种旨在阻止思考的行为，这本书倒并没有如此。

恰恰相反，它从头到尾都在引导我们思考。因此，我需要学习如何阅读它，让自己不被文字牵着走，而是要接受它的动作、节奏、停顿，它的结巴、喷涌、情感的引导。[96] 我需要放弃自己习惯性阅读科学文章的方式，即收集信息、识别事实和知识。我几乎忘记了，哲学的任务不是提供信息，而是放慢脚步、破坏平衡、犹犹豫豫。破坏平衡是为了找到新的平衡。当前面的路太直时，寻求改变方向。与不同的力量结盟。赋予事实一种我们自己不具备的力量，一种我们需要学会与之一起构建的力量，一种能让事情发生的力量，一种能产生意想不到的影响的力量。我在这里描述的是一些思想的运动，这也是我试图从德勒兹和加塔利那里学习的东西，即使我所描述的运动有时与他们所说的有出入。总之，我要以自己的方式去理解他们[97]（不是简单地参考他们，而是要与他们的思想互动[98]）——或者换句话说，最终要听到他们努力让我们听到的东西：不要解释，要去体验。

这正是他们在著作中引入"界域"一词时的建议。虽然这个词很早就出现在了《千高原》中（在正文第10页），但一开始并不是用在动物身上，而是德勒兹和加塔利留给自己的写作任务："书写，形成根茎，通过解域而拓张界域……"[99] 从一开始就很清楚，他们所指的界域只有在与他们创造的另一个术语，即"解域"（déterritorialisation）联系在一起时才具有完整的意义。因此，"解域"一词在书中出现得更早（在正文第2页）就不是巧合了。他们写道，"一本书只有通过外部（dehors）并处在外部而存在"，通过与其他配置（agencement）、其他多元体（multiplicité）的联系，它将自身的多元体引入或化身于其他的多元体之中。"解域"的含义及其重要性开始变得清晰起来：解域意味着撤销一个现有的配置，但为的是在另一个配置中再结域（se reterritorialiser）。这意味着通过连接到其他配置并按照它们的方式再结域，来撤销一种被界域化的方式。因此，界域化（territorialiser）意味着进入一个配置，这个配置会将成为它那部分的一切东西界域化。这意味着任何界域化，首先都是一个解域化的过程，为的是以另一种形式再结域。因此，无论是在文字的语境中，还是在鸟类的语境中，我们都不应该过多地提及界域，而应该更多地提及界域化的行动（actes de territorialisation）。

正是在这个意义上，动物在形成领域的过程中所采取的各种行动才开始有意义。迭奏曲（无休止地重复节奏）、标记、羽色、展示，尤其在鸟类的例子中，还有歌声："界域实际上是一种行动，它影响着环境和节奏，使它们'结域'。界域是环境和节奏之间发生结域的产物。追问环境和节奏是何时被结域的，或追问一个无界域的动物和一个有界域的动物之间存在着何种差异，这都是一回事情。"[100]

行动、环境和节奏：界域首先作为空间配置出现在我们面前，是可识别的，因为它以相对持久的方式处在空间中。在读德勒兹和加塔利的著作时，我开始意识到，事实上，没有什么比界域更动荡了，无论其边界多么稳定，无论居民对界域多么忠诚。首先——但我们已经意识到这一点，因为与其说界域是关于空间的，不如说是关于距离的——界域化是"标记彼此之间距离"的一种表面行动，一种表现行动（总之，就是一种表演）。距离不是一种度量，而是一种强度，一种节奏。界域总是与其他事物维持有节奏的关系。其次，因为界域化代表了一个化身的过程。但这种化身并不是一种整个生命被彻底改变的生物的简单变形。它会影响到在界域形成过程中涉及的每一个功能（如攻击性功能），会"改变节奏"，会重新组织。攻击的功能是"解域",以便在界域上再结域(这实际上意味着它被界域化了)。因此,它不再与攻击性有任何关系,除了它所采取的形式以外:它已经成为纯粹的表达形式。在这个意义上,苏里奥与德勒兹、加塔利都断言,财产是充满艺术性意图的。

被界域化的存在不仅仅是另一种存在方式,而且在这种存在方式中,一切都成为表达性的问题。更确切地说:"当环境的组成部分不再是方向性的,而变成维度性的,当它们不再是功能性的,而变成表达性的,界域就产生了。当节奏具有表达性之时,界域就产生了。正是表达的物质(属性)的出现界定了界域。"[101] 正如我们将看到的,与康拉德·洛伦茨的假设相反,界域不是由攻击性引起的,也不受攻击性的调控。

德勒兹和加塔利提出的这一方法的转变很重要。在界域中,一切都变成了节奏、旋律景观、母题和对位、用于表达的物质。界域是艺术性的结果。界域会创造新的关系,并因此要求我们按照新的关系来思考。"表达性不能被还原为一种冲动(它在一个环境之中发动了一个行为)的直接效果……表达的属性或表达的物质彼此进入到变动不居的关系之中,这些关系'表达'了它们所勾勒出的界域与外部环境及冲动的内部环境之间的关系。然而,表达并不是依赖性的,还存在着一种自主性的表达。"[102] 内部的冲动不再仅仅是简单的原因,而是外部环境的旋律性对位。

因此，每一个被界域化并在表达过程中被转变的功能，都可以获得自主权，并最终成为另一个配置、另一个功能组织的一部分。这就可以解释，例如，为何某些鸟类的性行为虽然表现为一种界域化的功能，却仍然可以独立于界域成为另一种形式的配置，并与界域"保持距离"，又或者说，为何鸟类总是以界域为基础却还可以创造出如此多样化的社会形式。因此，例如，当一只鸟儿没有被同类攻击而是受到了欢迎时，可以说，界域配置向"一个自主性的社会性配置"敞开了，因此，伴侣成了"一个有着家庭价值的动物"。[103] 或者，按照某些鸟类学家的假设，雄鸟在交配仪式中向雌鸟所唱的歌曲可能改编自雄鸟对其他雄鸟所唱的领域之歌……的确，没有什么比界域更不稳定的了。如果无法把界域看作一种关于涌现、关于美、关于对位和发明的体制的一部分，那就没什么比这更可悲的了。同样令人难过的，还有无法从界域问题中走出来的悲哀。

很明显，为了克服我的困难，我不得不放弃试图理解一切，只让自己沉浸在这些想法中。同样清楚的是，一旦研究完这些科学文章，我也应该掌握一系列的事实、故事和理论，这将为我提供一个基准，在由事件、动物、行动、行为和功能组成的现实背景下衡量他们的建议，然后在重读他们的文字时，不再感觉我是在处理抽象的东西，而是对他们所提出的东西感到越来越熟悉。

我需要好好珍惜我所了解到的关于鸟类的一切，还要好好珍惜鸟类学家所创造的多种多样的世界。坚持这样一个事实：其中一些鸟类学家不再执着于阐述不同的领域理论，而是更多地观察并记录领域化的各种不同方式。与此同时还要意识到，一方面，科学家不断寻求新的领域功能，但另一方面，他们又面临着巨大的挑战，因为他们认识到了鸟类行为的明显无意义性和无尽的创造性，这些都对他们讲述这些故事产生了极大的制约作用。有时还会严重阻碍他们的行动。德勒兹和加塔利教给我的是，学会遵循潜在的解域，离开界域以便用更好的方式重新进入，使界域"侵蚀"所有的环境。学会将所有这些故事、文章和科学报告中所描述的界域进行解域，以便在其他配置中再结域。同样，如此多不同的行为、如此多的情感、如此多的遗传结构都可以在生命的冒险中重演，重新配置并呈现出全新的面貌——一根胚胎羽毛可以提供温暖，然后成为求爱表演的装备，然后，过了很长一段时间，又被用于飞翔；一首歌可以标志一种占有，保持距离，为领域带来节奏，然后解域，变成一种吸引注意力的呼唤，或发出警报，或吸引配偶——我收集的故事需要与其他故事联系起来，对其他实验开放，从而拥有一种"全新的面貌"。这些故事将成为真正的领域工作的一部分——用鲍勃·迪伦（Bob Dylan）的话来说，这将带来一阵"后院空气"，德勒兹恰当地引用了这句歌词。[104] 换句话说，这将是一次重新自由呼吸的机会……

# 第四章 占有

在玛格丽特·尼斯引用的一段摘录中，霍华德写道："更多样化或不那么不稳定的食物供应，不那么密集的种群，或一对有用的翅膀，都可能将鸟类从一个系统中解放出来，对被迫生活在这个系统中的鸟类来说，这个系统无疑是一种压力和压迫。"对此，尼斯明确表示了自己的反对，她不认为鸟类不得不生活在这样的系统之中是受到了压迫。她在观察歌带鹀时发现，这些永久居民整个冬天都待在同一片领域上，"既不愿离开这片领域，也不愿意捍卫这片领域"[105]。

我认为，这种意见分歧使人们注意到了一个重要的问题。首先，人们常说，地图并不能代表领域。我们应该补充一下：空间也不能直接对应领域。正如我们所看到的，同一块被居住的空间，在某些时候可以是领域，但在有些时候又不是。领域赋予了空间以一种节奏。比如，歌带鹀，它可以是长期居民，但在冬天却不会表现出领域行为，尽管正如尼斯所证明的那样，它仍然继续生活在同一个地方。尼斯提出的理论还暗示，领域是一个愿望问题，或者更确切地说，是许多不同愿望的问题——春天保卫领域的愿望，整个冬天仅仅只是待在那里的愿望。我相信，对空间的情感是可变的。

但实际情况比这更复杂，我在这里使用的空间概念并不能完全解释这种"可变的情感"。我将尝试把事情复杂化。瑞士生物学家海尼·赫迪格（Heini Hediger）也曾从自由的角度看待空间问题："自由的动物并不能自由地生活：无论是在空间中，还是在对其他动物的行为方面。"[106] 它们不能自由地生活，因为它们只熟悉潜在空间的一小部分——我还是应该指出，赫迪格在巴塞尔、伯尔尼和苏黎世的动物园担任了多年的园长，一直与圈养动物打交道，我们有理由怀疑他是否只是在重复一个老生常谈的论点。但是，如果我们暂时撇开他眼中的自由概念不谈，他所说的话还是很有趣的。赫迪格解释说，动物个体的生存空间远非同质的，而是高度分化的。动物很喜欢待在某些固定的地方，而完全忽视其他地方，就好像——这里赫迪格借用了德国生物学家和哲学家雅各布·冯·魏克斯库尔（Jakob von Uexküll）的一个隐喻——动物在环境中留下的足迹就是黏性物质中高度流动的一连串介质——描绘出了环境密度的变化。很少有动物会不知道它们的空间有多少严格的限制。赫迪格指出，不可否认，猛禽或蛇，以及一些由人工迁移的物种，如褐鼠、家鼠或普通麻雀，用他的术语来说，已经"四海为家"[107] 了。这些四海为家者可以从广阔领域的一端跑到另一端，但它们不太可能会"享受这种奔跑"。如此多的地方品种大量发展，给系统学家带来了相当大的困难，这表明，即使是这些动物也倾向于精准限制它们的主要活动范围。他进一步补充说，鸟类应该被认为是"依附于特定区域的生物"。

因此，领域是一个具有双重作用的空间，一个特定的空间既是用于界域化的，同时又"受到界域化的影响"。然而，空间的概念仍然过于狭隘。我们还记得洛伦茨举的例子，猫会在不同的时间段占用同一地点：在这种情况下，与其说领域是一个地理空间，不如说是一个受时间节奏支配的空间。换句话说，空间是由时间和功能共同定义的，并由两者决定其性质。其他维度以及与功能有关的其他方面也会影响空间。戈登·欧瑞安斯观察到，三色黑鹂生活在植被茂密的地方，形似芦苇的香蒲组成了一个低矮的顶罩。这种鸟类不在空中进行表演，而是在一个由弯曲的香蒲组成的低矮平台上宣示自己的领域权。可以看出，植被（生长空间）以上的一切都没有被界域化——对三色黑鹂来说，天空属于所有鸟类。这是一个中立的空间，在这里雄鸟和雌鸟都可以做自己的事情，自由探索而不受威胁。但如果一只被认定为入侵者的雄鸟冒险进入植被以下，它将立刻遭到攻击。领域将一切进行编码：同一只鸟儿，要看它是在香蒲顶罩的庇护下还是在天空中，可以是"入侵者"，也可以"只是路过的同类"；根据它所经过的地方，它可以被"界域化"，也可以被"解域化"。在北美森林中发现的一种属于小型鸣禽亚目的红眼莺雀的情况也是如此，这种鸟类会在空间中划出一个高约 25 米的狭窄圆柱体作为自己的领域，这个圆柱体从近地面一直延伸到叶冠的高度。黄喉莺雀也生活在同一地区，但它们的领域横向延伸很广，纵向只覆盖树冠的高处。

如果领域可以延伸到空间中，那么这个空间就与我们这些依附在土地上的人类所说的"表面积"没有多少相似之处了。实际上，这可能是一种成层现象①，我们只有在极少数情况下才能勉强掌握一点线索。领域的功能就像"千层酥"一样，数也数不清。但这还不是全部。

1934 年，英国鸟类学家朱利安·赫胥黎（Julian Huxley）在《英国鸟类》（*British Birds*）杂志上发表了一篇文章，报告了一个惊人的现象。[108] 值得注意的是，他在文章中指出，他所观察到的情况是在 1933 年 12 月底，他前往位于伍斯特郡的哈特尔伯里拜访亨利·艾略

---

① 成层现象（effet de stratifications），群落内不同生物类群占据不同的高度空间，成层现象主要就是指群落的垂直结构。

特·霍华德的那几天发生的。赫胥黎于 12 月 30 日抵达，在接下来的几天里，两人一起观察鸟类。我之所以在这里提到这一点，并不是因为赫胥黎会谈到这种细节让人感到意外，毕竟《英国鸟类》是一份给业余鸟类爱好者阅读的月刊，而非一份真正的科学杂志，因此不一定要坚持学术文献的惯例。诚然，这种区别使得赫胥黎能够在文章中插入在他到达之前以及离开以后霍华德所做的一些观察。这本质上是一种联合署名，是参与者之一对成果的再利用。这一细节可能也展现了两位研究人员之间的友谊纽带，赫胥黎到达的第二天是圣诞节前夜，这并非巧合。我不禁被这个消息感动和吸引。这表明，鸟类能激发人类之间的社会纽带——这并不罕见：我们在阅读一些传记时常常会发现，许多研究人员习惯去同事工作的地方拜访他们，并在那里待上几天。我还想强调一个事实：赫胥黎为研究"家"对动物可能意味着什么而展开的工作，是在他同事的"家"里进行的——在我的领域化想象中，这是一个旋律性的对位，受到了热情好客这一问题的召唤。我仿佛都听到有人在说"不要拘束，就像在自己家里一样"；我几乎感受到了客房、棉被、威士忌和柴火的温暖。毫无疑问，关于领域的研究浸透在了这种"家"的维度中，远远超出了研究人员拜访同事时所受到的款待。事实上，大量（不是全部，但仍然有相当一部分）关于领域的研究可以"在家"进行，按照"以家庭为基础"的科学形式进行——这就解释了为什么许多鸟类业余爱好者，即法比安娜·拉福兹所说的"嗜鸟者"(ornithophiles)[109]，最终会成为专业的鸟类学家。这也解释了为什么一些女性能够把研究和家庭生活结合起来（玛格丽特·尼斯是在美国哥伦布的花园和家附近进行观察，芭芭拉·布朗夏尔是在伯克利分校比较了两个白冠带鹀种群）。

回到我们的故事，12月31日，赫胥黎和霍华德参观了一个人工池塘，那里生活着一些白骨顶鸡。有几对鸟类夫妇在那里建立了领域，从它们的行为不难看出，这个空间的确被划分为了许多不同的领域。12月31日晚至1月1日，有一场严重的霜冻。赫胥黎独自回到池塘时发现，大部分水面都结冰了。当时在场的所有鸟儿中，只有一对——就是那对占据了池塘尚未冻结部分的鸟儿——仍然表现出领域行为。赫胥黎回忆说，其他的鸟儿，它们的领域已经冻结，似乎已经放弃了它们的领域性本能。更令人惊讶的是，他指出，如果附近的雄鸟冒险进入这对仍然表现出领域行为的夫妇的领域，只要那只鸟儿留在冰冻区域，居住在这里的雄鸟就毫无反应。赫胥黎说，在某种意义上，冰层把这片领域变成了"中立地带"。群体中的其他鸟类被冰块剥夺了领域，它们偶尔会再聚到一起，以相对随意的方式占据空间，但那对夫妇所捍卫的领域除外。赫胥黎总结说，可以推断，领域行为不仅取决于内部的生理状态，还取决于场地的外部状态，即场地的实际存在。

显然，空间的属性是可以改变的。而且，如果我们谈到领域行为，无疑也应该考虑环境本身的"行为"，它是否允许自己被占用。空间决定了关注的模式和存在的方式。哲学家和动物行为学家蒂博·德·梅耶（Thibault De Meyer）认为，空间包含了领域化行为所需的力量和权力。并不是所有的空间都是合适的、可以占用的。[110]如果领域行为是一种侵占行为，那么它并不是普通意义上的"占有"或获取，而是适应某物，使其成为"自己的"。但我可能讲得太快了。让我们回到尼斯和她的歌带鹀。对我们来说，从空间的角度上来看，歌带鹀在冬天生活的空间和它们在夏天所占据的空间是一样的。但是，在春天或夏天，这个空间对鸟类来说就不再是一样的了，它们自己也变得不一样了：此时，它们具有了领域性，因此，领域性不是它们的天性，而是它们的一种存在方式，换句话说，这是一种生活方式，使得它们发生了蜕变。或者，更确切地说，这种生活方式使得鸟类和空间的配置在不同时间变得不同。一件重要的事情发生了。因此，领域不是一个空间问题，而是根据强度和时间性系统——也就是说，根据一种节奏——来发挥作用的。按照冯·魏克斯库尔的话来说，领域是一个生活空间，但首先是以一种强烈的方式生活的空间——换句话说，是一个充斥着不同强度的空间。

当我说空间的属性能够改变时，首先是要表明空间能以不同的方式被居住，就像霍华德和赫胥黎所观察到的白骨顶鸡一样，它们可以在某一时刻被卷入领域配置，而在另一时刻，又完全被剥夺领域。但究竟是谁，或者说，是什么被解域了？是湖面上的冰封区域，还是不再将这片区域视为自己的领域来居住的白骨顶鸡？我会说两者都是，因为两者在相互占有之后，都被剥夺了所有权。通过领域化的过程，空间已成为占有制度的一部分。这并不意味着空间是被占有的对象。在这里，我使用"占有"一词，并不是按照塞尔赋予它的意义，而是根据苏里奥所使用的定义，这种定义将某物的具体特质和"如果某物被占有，它就变得合适"的概念结合在一起。正如大卫·拉普雅德（David Lapoujade）所写，对苏里奥来说，"占有并不意味着将一个物品或一个存在据为己有。占有与财产（propriété）无关，而与特质（propre）有关。当谈及占有时，我们不应该使用代动词①，而应该使用主动语态：占有不是占为己有（s'approprier），而是使适应……（approprier à……），也就是说，使某物保留自己的特质并独立存在"。或者，我们还可以说得更清

---

① 代动词，法语中的动词类别，由一个与主语的人称、性、数相应的自反人称代词构成，如下文的 s'approprier，这些动词可以表达被动、自反、相互或绝对意义。

楚一点，生物让自己的存在去适应新的维度。[111] 我们在法学家萨拉·瓦尼克桑（Sarah Vanuxem）的著作中也发现了非常相似的观点，她从法国法律史和人类学中寻求解释，这些解释有可能使人类摆脱所有权是对事物的统治权这一观念，从而将事物视为可以居住的环境："在摩洛哥西南部群山起伏的地方生活着一群柏柏尔人，在他们的村镇中，占有一个地方既意味着把它塑造成自己想要的样子，也意味着自己去适应它；占有土地就是把土地归于自己，并把自己交给土地。"[112] 换句话说，我们在领域化的过程中也被领域化了。

让我们回到尚未解决的自由问题上来，这将有助于我们进一步探讨这一论点。前提是，我们要以不同的方式重新表述自由问题。前面提到过，霍华德在他作品的另一节中断言，领域给了鸟类自由，因为领域是它们的会面地点，它们可以自由来去，并坚信总能在那里找回彼此，在此再强调这个事实是没有什么帮助的。这不是问题所在。在上述引文中提到"压迫"时，霍华德强调了一个事实，即在某种意义上，领域给鸟类强加了一种"义务"。霍华德在自己的特定理论背景下，从决定论或功能的角度解释了这种义务——领域通过食物供应，通过种群过剩的风险，通过利用鸟类无法去其他地方的特点，"限制了"鸟类。但是，如果领域能通过这么多东西来限制鸟类——更不用说霍华德之前列出的众多功能——那我们能否简单地得出结论：领域对鸟类施加了控制？当霍华德提到这种压迫感时（他可能是对的，不过这种压迫源自领域本身，而不是它的功能，尽管这种压迫可能是不可否认的），他所描述的肯定是这样一个事实：当一只鸟儿栖息在一块领域上时，它就完全被这块领域所占有了。在此之前最好避免使用的"占有"一词在这里有了完整的意义：鸟儿占有领域是因为它也被领域所占有。鸟儿调整了自己的存在，以适应领域提供的新维度，它已经被卷入了领域化的进程。是领域让鸟儿歌唱，就像也是领域让它来回踱步、手舞足蹈、展示自己的羽色一样。换句话说，鸟儿已经具备了领域性，这意味着它的整个存在已经被领域化了。在这种情况下，占有既指主动占有，也指被占有。

我在前文提到雪羊和赫迪格对某些动物的描述时说过，对领域所做的标记也是延伸动物身体的一种形式，在这里指的是，有领域的哺乳动物将自己的身体在空间上延伸。在这种情况下，我观察到，领域化的行为并不是要将空间转化为"自己的"，而是要将其转化为"自己"。领域化重新分配了最初构成"自我"和"非我"概念的东西，因为某些哺乳动物会用它们领域的气味来"标记"自己——泥土、腐殖质、腐肉、植被……在这样做的过程中，它们变得更加领域化，因为它们就是领域。不管是在实际意义上还是在字面意义上，领域都成了

"自我"的表达，"自我"也成了领域的表达。诚然，有人会说，但鸟类很少以这样的方式进行"标记"。鸟类会唱歌，不停地唱歌。在这方面，正如我已经强调的，鸟类和哺乳动物之间的区别是至关重要的：它们的存在模式截然不同。

但德勒兹和加塔利在他们书中提出的观点让我想到，在这种区别之外，还存在一种深层的功能的相似性。鸟类会唱歌。你是否曾戴着耳机坐火车去旅行？你有没有像我一样，感觉到周围的风景可能是"巴赫式的"或"柴可夫斯基式的"？或者感觉到音乐能在多大程度上被铭记、覆盖并影响那一刻我们周围的环境？——地铁里的手风琴难道不是既能改变我们的心情，又能改变我们对事物的感知吗？世界不再是音乐世界，而是旋律世界。旋律不再仅仅是风景的附属品，"旋律自身就是一处声音的风景"[113]。换句话说，领域化的行为包括了将一个地方音乐化的行为——我强调"包括了"是因为，除此之外还有自我展示、舞蹈仪式、表演性的威胁、羽毛颜色、翅膀的拍打，还有对空间的勘察。

当我们观察一只正在建立自己领域的鸟儿时，不可能不注意到这些勘察飞行的不断重复（就像歌声一样，一切都是基于重复）。我们在一开始就描述了鸟类如何选择一个高点，然后在一片空间内来回飞行，通过反复飞行和有节奏的勘察，逐渐占领一片空间。我们可以认为，

115

通过这种"勘察飞行"，一方面，鸟类宣告了这是自己的领域，另一方面，通过与一个被"占用"的地方及其特质建立亲密关系，鸟类能够感觉到是"在自己家里"：在这个过程中，鸟类能够"熟悉"这片空间。此外，通过这样飞来飞去，鸟类也在做别的事情，它用看不见的墨水在空间上方画了一张密密麻麻的网，逐渐用自己的存在填满这片空间。鸟类边飞边唱，歌声本身也是一种勘察形式，正如我们在《千高原》中读到的那样，"一面声音之墙，或至少是一面含有一些声音砖块的墙"。但与其说这是一堵墙，不如说是卡农唱法①（"墙"一词更多指的是界限的概念，而这里不仅仅是界限的问题），或者可以表示覆盖某个广阔区域这一过程的任何术语，就像编织一张由飞行和歌声组成的网。在某种程度上，歌声的功能就像蜘蛛网一样。蜘蛛编织的网将蜘蛛身体的极限在空间上延伸了，蜘蛛网就是蜘蛛的身体，而网住的所有空间变成了"网内的空间""身体的空间"，这个空间在此之前一直是环境或周围空间，现在变成了蜘蛛的，但不是通常意义上的占有，空间还是属于它自己的（这就是占有的含义，正如拉普雅德提醒我们的那样：使某物保留自己的特质并独立存在）。从这个角度来看，德勒

---

① 卡农唱法，又称轮唱法或叠瓦式（tuilage/overlapping），是由 2—4 个声部演唱同一个旋律，但不是齐唱，而是先后相距 1 拍或 1 小节出现，形成此起彼伏、连续不断的模仿效果的一种音乐方式。

兹将雅各布·冯·魏克斯库尔所说的"Umwelt"翻译为"相关的环境"(monde associé),而不是"居住的世界"(monde vécu)或"周围环境"(entour),这是很准确的:因为蜘蛛网以及被网填充的空间,是与蜘蛛的身体相关的环境,是其身体的延伸(就像我的手臂与我的身体相关联,同时又完全是身体的组成部分和延伸)。

如果歌声是鸟类身体的延伸,那么或许可以说,鸟类是被它的歌声所歌唱的,就像蜘蛛的身体变成了蜘蛛网,并与周围的环境建立起了新的关系——当蜘蛛网变成陷阱,但仍然是一种表达和"使留下印象"的手段时,这种关系可以解除表达方式的界域。因此,鸟类的歌声将是一种表达的力量,一种"广泛的"力量,甚至很有可能的是,这歌声的力量、节奏和强度将在一定程度上决定领域能延伸到多远,就像在一个地区来回飞行可能带来的结果那样。换句话说,鸟类的歌声与空间融为一体。这么说一点也不夸张。歌声是一种表达方式,通过这种方式,歌唱的空间有了形体,成为鸟类的身体。在梅丽丝·德·盖兰嘉尔(Maylis de Kerangal)的一篇小说节选中,我发现了一段很有说服力的话,描述了成为领域的歌声和成为歌声的领域之间的关系,描述了鸟类与空间"融为一体"的过程,通过这个过程,鸟类占据了它的领域、它的位置、它扩展的自我。在这段话中,盖兰嘉尔写的是阿尔及尔的金翅雀。她在描述诱捕并贩卖金翅雀的年轻人侯赛因时写道:"他认识每一个物种,了解它们的特征和代谢,他一听到鸟儿歌唱就知道它来自哪里,就连它是在哪个森林出生的都可以说出来……但金翅雀的吸引力不仅仅在于其歌声的音乐性,而是首先与地理有关:它的歌声是其领域的体现。河谷、城市、山脉、森林、山丘、溪流。听到歌声,我们就能看到一个景观,感受到一种地形,体验到一片土壤和一种气候。一块行星拼图在它的嘴里成形了……金翅雀吐出的是坚实的、有气味的、可触碰的、有颜色的实体。因此,侯赛因所拥有的同一品种的 11 只鸟儿提供了一片广阔区域的有声地图。"[114] 这样一来,每只金翅雀的歌声都是一个看待世界的不同视角——Baïnem 的森林,Kaddous 和 Dély Ibrahim 的森林,Souk Ahras① 的森林;每只鸟儿都代表着对世界的一部分经验,它们体现了这个世界:歌声标记了领域,领域也标记了歌声。

在这种视角的帮助下,我们可以重新阅读许多故事。这些故事可以成为另一个配置的一部分,在其他的占有制度中找到新的角色,获得一个对位——这样一来,这些故事的音乐性也发生了变化。举个例子,我们之前说雌鸟选择的是一块领域而不是一只雄鸟。但是这里的"而不是"已经是多余的了,我们不能再处于一个"非此

---

① 此处外文均为金翅雀的名字。

即彼"的问题中了，好像歌唱、交尾、羽色、姿势、领域化行为和领域可以分开一样。

我们通常只看到领域上有资源。资源当然是领域的重要因素，但真的是最重要的吗？首先，这就忽略了在建立领域的过程中，鸟类会创造一个充满吸引力的空间：最高点成为吸引注意力的中心，边界成为与外界联系的焦点，而鸟类自身则通过动机、姿势、标志和歌声让自己成为焦点。对其他雄鸟和路过的雌鸟来说，领域都是一种吸引注意力的装置，是一个充满吸引力的陷阱。其次，认为雌鸟选择的是领域而不是雄鸟，并且它的选择是基于可用的资源，这就忽略了一个事实，即雌鸟是在与一个组合结盟，这个组合由雄鸟和区域共同组成。雌鸟在这个组合中感受到了什么，看到了什么，听到了什么？它是如何感知雄鸟是否成功地占据了领域的？它怎么知道雄鸟是否已经适应了自己现在的位置？如果鸟类的歌声已经成为表达一个地方的方式，那么雌鸟无疑可以从雄鸟的标记中了解到此地树木的高度、邻居的存在、邻里关系是否和睦——我们后面会看到，这一点可能也很重要——岩石的粗糙程度、叮叮咚咚的泉水的存在、树荫的范围、水果或叶片下的昆虫的味道，甚至阳光透过树叶洒下来的方式。各种强度的表达、任何强度的变化都能从鸟类的歌声中反映出来，歌声绘制了一张地图。总之，这是一张音乐地图。

*

# 对　位

　　加拿大鸟类学家路易·勒费弗尔（Louis Lefebvre）
对鸟类的智力进行了一项广泛的比较研究。这是一项真
正的研究，而不仅仅是个单一的实验，因为他着手收集
了与创新行为有关的一切轶事，他以"不寻常""新"或
"首次观察到的案例"作为关键词检索了近 75 年来的科
学文献和业余爱好者撰写的报告，从而筛选出了来自数
百个不同物种的 2300 个例子，其中大多数都是关于进食
行为的。对此我并没有感到很惊讶。觅食显然是动物生
活中的一个重要因素，但正如我们所说，这种行为也往
往是研究人员最常观察到的。一方面，因为动物在进食
时更显眼：虽然它们在做很多事情时都可以隐藏起来，
但仍然受到食物供应地点的限制。另一方面，如果说某
些行为可以因观察者的在场而暂时被搁置，那么进食就
很难被推迟到更方便的时刻，尤其是在观察者很有耐心
时。[115] 让我们回到勒费弗尔。在数以百计的例子中，他
发现，一只褐贼鸥（一种捕食性海鸟）和海豹幼崽混在
一起吮吸它们母亲的乳汁；一只褐头牛鹂借助细枝扒开
牛粪以便啄食；一只绿鹭把昆虫当作诱饵，将其放在水
面上吸引鱼类；一只海鸥将兔子从高处扔下来摔死，它

们平常也是这样摔碎贝壳的；他还发现，在津巴布韦解放战争期间，秃鹫会栖息在雷区带刺的铁丝网上，等待瞪羚或其他食草动物误入陷阱。

珍妮佛·艾克曼（Jennifer Ackerman）在她关于鸟类天赋的书中提到了这项研究，她想知道这一切究竟是智力问题还是胆量问题。[116] 她得出的结论是，无论如何，大胆尝试总是有利于解决问题的。她说，使用技术和发明工具似乎构成了定义智力的典型标准。在这个问题上，她引用了阿历克斯·泰勒（Alex Taylor）和罗素·格雷（Russell Gray）这两位研究者的话，他们断言，关于人类发明的工具清单"是人类整个历史的有用概要"。的确如此，但是这份"彻底改变了其所在社会"的技术清单，包括人类发明的陶器、车轮、纸张、火和服装，也包括混凝土、火药、汽车和核弹。这可不是开玩笑的。

我绝不能忽视技术的作用，也绝不能否认技术本身及其塑造我们的方式的重要性。人是有技艺的人（Homo faber）。但我想起了厄休拉·勒古恩（Ursula Le Guin）的短文《虚构的背袋理论》（*The Carrier Bag Th-eory of Fiction*）[117]，那是对宏大的男性史诗的奇妙反抗，是针对男性征服者、武器创造者的史诗性毒药的一剂解药。在这篇文章中，勒古恩讲述了其他故事，尤其是关于发明"容器"、信封的故事，那些珍贵而脆弱的物体让我们能够保存、运输、保护和携带一些东西给某人："一片叶子、一只葫芦、一张网、一个吊袋、一个罐子、一个盒子、一个箱子。一个容器。一个接收皿。"总之，是保障存在和事物安全的东西。

就我个人而言，我想在这些故事中添加一些其他故事，一些讲述社会发明的故事，这些发明至关重要，想象力有多么丰富，发明的种类就有多么繁多，多亏了这些发明，生物学会了如何生活在一起，学会了如何形成社会或创建生命共同体。但还是无法和谐共处——确实只有在特殊情况下或付出巨大的努力才能让狼和羊躺在一起。这充其量被称为驯化，而且无论如何总还是要付出代价。[118] 虽然不和谐，但尽可能做到最好。

正如我们前面所看到的，领域并非伊甸园，在领域内的生活可能涉及利益冲突，以及往往无法相容的欲望。但生活却能继续下去。我想找到一些能够印证这种成功的故事。然而，如果技术确实带来了一些塑造我们的发明，如果我们能为其中的一些发明向我们的祖先表示祝贺，并认真地问自己要如何处理另一些发明，那么我担心，为了表彰动物的天赋，我们将有技艺的动物（Zoo faber）这种令人羡慕的晋升授予动物，最终反而忽视了那些不太引人注目的技术，这些技术拥有社会发明的形式却不太容易被视为发明（尤其我们还把它们归为本能这一遥远的领域，或者把它们贬为通常非常简单的功能）。如果我在这里用"技术"一词来描述这些发明，那是多亏了厄休拉·勒古恩的绝妙想法，即赞美能容纳事物并将它们结合在一起的东西——一张网、一个篮子、一个打结的包裹——这一想法也适用于领域的概念。这不仅是因为，对每个个体来说，领域都是"家"，能像帐篷的帆布一样将居住者聚集在一起并为其提供庇护，还因为，从更广泛的角度来看，每个领域都是横跨空间和时间这张大网中的一个针脚。

但是，为了能从这个角度思考领域概念，研究人员首先必须面对一个极大的问题：现有理论对攻击行为的重视程度。

# 第五章　攻击

正如我前文提到的，激烈的冲突和鸟类表现出的好斗性给早期的研究人员留下了深刻印象。然而，即使在早期阶段，很多研究人员也质疑过这种争斗有几分真几分假。他们意识到，自己所看到的，留下深刻印象的，在大多数情况下，都只是一些威胁性的姿势——歌唱、炫耀、扇动翅膀、鼓起羽毛，或者假装攻击，尽管有时非常激烈，但很少造成严重后果。

在这个问题上霍华德说得非常清楚。他写道，人们过于重视冲突。[119] 例如，当入侵者到来时，一只鸟儿可能正在它领域的某个角落安静地觅食。察觉到发生了什么，它停止寻找食物，开始朝入侵者的方向走过去或飞过去。起初，它缓缓移动，但靠得越来越近时它会加快步伐，然后飞身扑过去，用翅膀拍打、用嘴猛啄入侵者，迫使其退出边界。一旦对方退出去了，霍华德观察到，这只鸟儿的态度就发生了显著变化，它停止了所有攻击，平静地待在自己这一边，好像拉起了警戒，对自己几秒钟前猛烈攻击过的那只鸟儿不再表现出任何兴趣。霍华德说，在观察到的所有战斗中，很明显，最终的结果从来都不是打败入侵者，而是迫使它从某个位置撤退。所有的争斗都始于侵犯边界，当入侵者回到自己那一边时争斗就结束了。此外，在建立领域的过程中，战斗会更加频繁，因为这段时间更有可能发生这种侵犯。

在霍华德看来，入侵者的撤退要么是因为恐惧，要么是因为体力透支，因此，显然没有必要过分重视所造成的伤害。他说，这些冲突充其量只是"小吵小闹"，不会有什么后果。在大多数情况下，这些战斗主要就是"走个形式"："它们是决定了物种生存的更古老的冲突形式的残余。"此外，恐惧和疲惫并不是决定战斗性质和强度的唯一因素：最重要的因素是位置。攻击的强度和凶猛程度总是取决于战斗发生时鸟类所处的位置。因此，正是它们各自的位置决定了居住者面对冲突时的倾向。这就是为什么霍华德会说"这种冲突是可控的"。

值得注意的是，在这段话中，霍华德预示了后来大多数研究人员理解攻击的两种方式。一方面，这些战斗更多只是一种形式，并不是动真格的。霍华德提出了一个有趣的假设，根据这个假设，鸟类会重新配置遗传的行为，并调整这些行为，以服务于这种形式化。另一方面，他观察到攻击总是由居住者发起，攻击的强度取决于对手所占据的位置。大多数研究人员会支持这两个假设中的一个，或者两个都支持。事实上，人们经常观察到战斗只是一种形式。例如，1936年，有报告称，有领域的凤头鹏鹂只有少数会表现出攻击性行为，大多数个体能够容忍同类待在自己巢穴附近。1939年，戴维·赖克在观察歌鸲时注意到，所有雄性歌鸲相遇时都没有严格意义上的战斗，而只是对唱。赖克说，这种心理上的和形式化的战斗构成了这些鸟类行为中最引人注目的方面之一——然而，歌鸲在涉及领域问题时一直以不妥协著称。尼斯自己也强调，正如我们所看到的，在歌带鹀中，姿态的强硬程度与争斗的严重性成反比。

霍华德的第二种假设肯定了战斗是可控的，一旦入侵者撤退，战斗就会停止。这一假设不仅得到了大量的经验证实，而且还因有了其他观察而变得复杂化。领域冲突，无论看起来多么激烈，通常都很少有受害者。但这还不是全部：观察得出的结论是，考虑到利害关系，这有点矛盾，因为这类事件的结果是完全可预测的。入侵者很少能获胜。正如托马斯·麦克凯（Thomas McCabe）在1934年所写的那样，在大多数领域冲突中，获胜的几乎总是防御者，只要它是在捍卫自己的边界，无论是通过武力、模仿战斗姿态，还是通过声音。尼斯通过与人类比较对这一假设进行了评论：英语中有句谚语叫"占有等于所有权的十分之九"，这表明，如果要求得到所有权的人是财产的占有者，那么他就更容易获得所有权，相反，那么他就很难获得所有权。因此，所有者提出的要求比其他人提出的要求重要 9 倍。[120]

康拉德·洛伦茨和尼可拉斯·丁伯根在 20 世纪 30 年代末证实了这一理论：防御者总是比入侵者更拼命地战斗，很少被打败。这就是所谓的"家笼效应"（home cage effect），即"笼主"在对抗后来的入侵者时，总是会取得胜利。顺便一提，这个术语为我们提供了一条关于其起源的线索。事实上，大量的动物——从狒狒到鱼类，包括无数的老鼠和鸟类——都接受了捍卫"领域"的测试，无论这些"领域"是笼子、密闭空间，还是玻璃鱼缸。研究人员将一只动物放在选定的位置，然后过几个小时再放入另一只同类，这只不幸的同类简直不知道自己该待在哪里。在研究者看来，当被指定为入侵者的动物被引入时，先来的动物所采取的一切行为，常常具有主导性，而后来者则表现出了屈服的所有迹象。实验结果与空间被占用的先后顺序有如此明显的联系，以至于在很短的时间内，只要改变它们被引入的顺序，就完全有可能在同样的动物身上获得相反的情况。大量的鸟类实验证实了这一结果，并表明了居住者的防御力总是强于入侵者的攻击力。1939 年，休·舒梅克（Hugh Shoemaker）在一项关于金丝雀主导行为的研究报告中表示，一只在中立领域上处于从属地位的鸟儿，在自己的领域上将处于主导地位。1940年，弗雷德里克·柯克曼（Frederick Kirkman）进行了实验，将通常相距45厘米的红嘴鸥的鸟巢移到一起。他观察到，攻击性行为的转换取决于同一只红嘴鸥扮演的角色是占有者还是入侵者。当鸟巢被移到更靠近自己领域的地方时，红嘴鸥会变得好斗且自信，而当鸟巢被移到远离自己领域的地方时，红嘴鸥就会变得胆怯且犹豫。洛伦茨在他关于攻击的书中指出，领域冲突中有一个常量：如果战斗发生在自己的领域上，那么个体就会更积极地战斗。此外，在防御空间内，"战斗力"的增加并不相同，越靠近领域中心，居住者的"战斗力"就会越强，而入侵者的"战斗力"则会越弱。这就好像有一种从领域中心开始的力量梯度，每一个参与的角色都会受到相关影响。

一个显而易见的问题就出现了，这也是我在很长一段时间内一直在思考的问题：既然结果如此容易预测，那动物为何还会卷入这些冲突？

首先，我们需要提醒自己，知道结果是可预测的是"我们"。我们之所以知道，是因为许多观察者已经注意到这一点，他们从成千上万只鸟儿的生活中收集了大量证据，这些证据是数十万个小时的耐心观察得来的。因此，鸟类没有理由做出与人类相同的预测——至少最初是这样的。但是与此同时，我们也不应该质疑它们从经验中学习的能力。这样一来，谜底仍未被解开。当然，事情从来就不是完全确定的，我们可能会认为鸟类的这种尝试是一种赌博（何况也没有太大的损失）。或许鸟类相信事情的不可预测性，认为所有情况在一开始总是不确定的。又或许它们只是固执，就像那些从不相信预测逻辑的令人厌烦的人一样。

"如果结果如此容易预测，它们为什么还要这么做?"这个问题可能问得不太好，因为它基于一系列关于竞争、空间和空间内部分配的假设。我在阅读的过程中经常惊讶地发现，一些研究人员坚持认为，这些冲突只是小吵小闹，歌唱和模拟战斗会代替真正的战斗，且入侵者很少能获胜，但与此同时，他们又固执地试图计算这些冲突的成本和收益，从占有的角度定义收益，从冲突造成的伤害、风险和精力消耗的角度定义成本。这里显然是前后矛盾的。

应该指出的是，许多研究动物在特定空间分布的经济学模型都将理论视野局限在了种群控制上。但正如朱迪·斯坦普斯和维什·克里希南（Vish Krishnan）所指出的那样，这些理论本就建立在一个错误的概念上，尤其是认为动物在获取领域过程中所选定的空间在某种意义上是不可分割的，因此不能共享。[121] 根据斯坦普斯和克里希南的说法，相当数量的关于领域性的研究（特别是关于鱼类的研究）是在实验室里，在非常狭窄的空间里进行的，这一事实可能是造成这种空间概念的原因，至少是部分原因。此外，在某种程度上，驱逐居住者以评估它们被取代的速度这一做法支持了其背后的思想，即每一块领域都是可征服的，只要先彻底剥夺原有居住者的所有权。事实的确如此，我们看到了证实这一理论的方法，人类积极计划着让居住者消失才得到了想要的结果。然而，即使一只鸟儿在冲突中成功占据了领域——这种结果总是有可能发生的——这种"胜利"也不会让被驱逐的对手消失。但人类的这些做法却让居住者消失了。在现实中，鸟儿之间的冲突通常不会是"不成功便成仁"的。空间是一种可分割的资源，因此这往往是一个占有部分领域的问题。英国进化生物学家和遗传学家约翰·梅纳德·史密斯（John Maynard Smith）认为，边界上发生的事情应该被视为讨价还价和谈判，而不是导致"赢家通吃"局面的冲突。无论如何，即使——这种情况很少见，但也有可能发生——入侵者最终使得原有居住者不愿留下，后者也不会永远消失。只有当研究人员参与进来时，结果才会如此荒诞。这改变了一切。

研究人员也想要在领域游戏中使用灌铅骰子，事先决定实验结果，他们移走了一个居住者，但并没有杀死它，而是把它囚禁起来，一旦有接替者占据了它的领域，就把它放了，然后观察接下来会发生什么。如果我们只看预设成为冲突结果的那个直接结果，似乎原来的居住者未能重新夺回领域控制权，它一整天都试图这样做，但以失败告终。但是，如果我们过几周再回去，就像别列茨基和欧瑞安斯对红翅黑鹂所做的那样，我们就可以看到，两周后，86％的居住者已经收回了它们的全部领域，4％的居住者成功收回了部分领域。因此，斯坦普斯和克里希南根据这项研究得出结论：在战斗中获胜似乎并不是这一过程的关键要素。

因此，这些观察以及其他一些观察的结果表明，针对战斗结果似乎完全可以预测的谜团存在另一种解释。人们可能会认为——一些观察也指出了这一点——某些鸟儿会以极大的决心，最终迫使一个居住者让出部分土地，从而在已经被占据的空间上获得一块领域。确实有人观察到，有些鸟儿非常固执，不断挑衅居住者，一次次被驱逐，又一次次回来。入侵者一再被赶走，但最后居住者放弃了挣扎。所有这一切都没有任何实际冲突，而只是借助最古老的战术之一——我们称之为"消耗战"[122]。因此，不需要把居住者赶出去，而是要用一种巧妙的劝阻策略，迫使它腾出部分空间。[123]

这就意味着鸟类，或至少部分鸟类，在空间中的活动与种群控制理论关系不大，它们通过协商如何划分空间来共享领域，并容忍进一步的划分。当赫胥黎将领域比作弹性圆盘时，他就感觉到了这一点，领域可以被压缩，但一旦压缩到对施加的压力产生阻力的程度，就不能继续压缩了。

那么斯坦普斯和克里希南针对冲突原因给出的答案能否结束这个问题呢？我不这么认为。首先，因为这一回答没有考虑到为什么一些边界非常稳定且在领域问题上毫不退让的鸟类之间还存在冲突。对这些鸟类来说，肯定还存在别的关键问题。其次，他们的回答让我们想到了另一个问题，这个问题也困扰了许多研究人员：在一个已经被许多鸟类瓜分的区域中要求占有一部分领域，这或许表明鸟类实际上是想要靠近其他同类。但它们为什么要这样做呢？当然，许多科学家已经有了现成的答案：资源最多的地方也是最受欢迎的地方。它们并不是想要靠近其他同类，而是想要待在理想的位置。但另一些鸟类学家已经证明，情况并非总是如此，事情并非如此简单。我们猜想，这是一个更有趣的假设，非常值得深入研究。

除此之外，还存在另一种可能性。为了探索这种可能性，我们需要先把注意力转向其他先决条件，回到攻击的问题上。正如我们已经指出的那样，领域能使动物之间保持距离。想要或需要保持距离的原因有千千万，而攻击倾向只是众多原因之一。但这个原因却引起了很多研究人员的注意。攻击问题之所以能继续保持其地位，并如此有力地排除了其他可能性，这在很大程度上是因为我们总是从竞争的角度考虑领域问题。比如，洛伦茨提出的非常有力的假设：领域是由攻击性决定的，"导致"领域行为的也正是这种攻击性。在洛伦茨看来，在某种意义上，表现能力和模拟攻击是引导和仪式化攻击性冲动的方式，但它们仍然是这种冲动的一部分，并且总是基于攻击性的。然而，如果我们假设攻击性不能解释领域，而是以领域为前提——换句话说，领域是一个事件，通过这个事件，攻击功能被重组为表现功能。这样一来，我们就能以一种完全不同的方式来解释以冲突形式出现的东西。

游戏是一个很好的类比：没有人会认为，在动物的游戏中，存在攻击性，攻击性应该是被重新引导了。事实上，当事情失控时，动物会再次变得有攻击性，这并不意味着攻击性已经以一种攻击本能的形式出现，而只是动物的解域在那一刻失败了——情况就变了。游戏借用了攻击的形式，但攻击显然不再是原因，甚至根本不涉及攻击问题。在这样的时刻发生的事情更多的是一种"使相信"或"假装"的情况，这些行为的形式本身就是有价值的，苏里奥称之为"升华"。这是一种"扩展适应"（exaptation）：从前在生物与生物的关系中发挥作用的行为发生了变化，变成了形式，服务于游戏。这就是为什么游戏可以与表演和演员扮演自己角色的任务联系在一起，动物扮演自己的角色可能做得很好也可能很糟糕，在这些故事中，天赋也很重要，因此我们会下意识地谈论"演员演技"（jeu des acteurs）。一旦我们接受了领域事件能将攻击功能重组为表现功能这一事实，苏里奥的想法就有了意义：胜利者不是最好的战士，而是最好的演员。这样我们也能更好地理解尼斯所说的，她敏锐地将歌带鹟的行为称为它们所扮演的不同"角色"。这些角色"接管"了演员，占据了它们（这是所有熟悉职业风险的优秀演员都知道的），这些力量有时会压倒它们——当动物的表演失去控制时，当动物被自己的角色压倒时，当形式化的攻击集体转变为真实攻击时，都是如此。在领域行为中可能也有类似"我控制不住"的情况。这些夸张而刻板的姿势，这些无休止重复的歌曲，这些色彩的展示，不仅展示了正在起作用的力量——表象的魔力，正如莫法特告诉我的，能远距离发挥作用，以保持距离——而且也激活了这些力量。哲学家蒂博·德·梅耶认为，可以把某些装饰性的特征比作仪式上的面具，因为它们不仅影响他人，还会影响佩戴者，它们"赋予佩戴者以力量"。他补充说，正是这些触发了力量的释放。他继续说道："面具并不是凭空创造力量，而是转化潜在的力量，把这些力量带到更大的舞台上，带到其他领域上。"[124] 因此他认为，艺术应该被视为一种游戏，能寻找并激活潜在的力量，而这些力量以前只存在于萌芽阶段。转向、激活、解域——服务于将成为艺术的东西，而领域化无疑是其中的一部分，正如苏里奥、德勒兹和加塔利、阿道夫·波特曼（Adolf Portmann）、让-马里·舍费尔（Jean-Marie Schaeffer）和许多其他人所提出的那样。[125]

但事实上，把这些富有表现力的行为、歌曲、姿势、华丽的编舞，视为力量和力量的催化剂，会使哲学家和鸟类学家走得更近。这样一来，我就可以把两个悬而未决的问题放在一起了：一个问题是，既然结果如此容易预测，那么这些冲突为什么还会发生；另一个问题是，为什么鸟类会明显地想要互相接近。

英国鸟类学家詹姆斯·费希尔（James Fisher）指出，很少有人注意到领域活动深层次的社会层面。[126] 他说，实际上，生物学家更倾向于在所谓的"维持活动"（如进食）中考虑社会性与合作。但是，费希尔认为，领域是一种社会活动，使合作成为可能。费希尔的假设与他那个时代的大多数理论相悖，他的假设基于一个有力的前提——鸟类"从根本上说是社会性动物"，根据费希尔的说法，这个前提在鸟类学中很大程度上被忽视了。"从根本上"是这里的关键词。社会性是一种规则，而不是一个例外，它渗透到了方方面面。这完全改变了我们的视角。因此，领域行为不仅仅是因受到社会压力而被控制的攻击性行为，而且它本身从根本上来说就是社会性的，自始至终都是如此。因此，费希尔接着说，霍华德和赫胥黎特别支持的一种观点——自我展示具有攻击性，而丰富的羽色具有恐吓作用——引发了大量调查研究。但这些调查使人们遗忘了领域行为的社会层面，忽略了领域行为的本质是"真正关于自我展示的绝妙交流"。按照费希尔的想法，领域再次被看作一个充满表演意图的空间，是戏剧舞台，是表象的魔力，是模拟行为带来的神奇效果，但最重要的是通过游戏引发了人们的一种特定关注模式。而这的确是这个故事的关键所在。费希尔采纳了鸟类学家弗兰克·弗雷泽·达令最初提出的一个想法。这些所谓的战斗和这些被认为具有攻击性的歌曲是"社会性刺激"。根据对群居鸟类的研究，特别是对银鸥的研究，弗雷泽·达令得出结论，同类的共同存在能刺激这些鸟类。生活在一起能使鸟类的繁殖周期同步，有利于它们的生存发展——在这里他采用了阿利的假设，根据该假设，一旦种群数量低于一定的阈值，许多动物就不再繁殖。弗雷泽·达令进一步指出，他者的存在可能只是导致了这种刺激的出现，但领域却会强化这种刺激。这让弗雷泽·达令得出了一个令人振奋的论断：那么，对鸟类来说，领域最重要的功能之一是"提供外围，即鸟类与邻居相联系的边界"。换句话说，"通过挤在一起，而不是分散开来，这些鸟类给了自己一个外围"。他解释说，因为领域是"由一个或两个中心点——巢穴和歌唱台——和外围共同组成的地方"，领域"可以同时满足两种相互矛盾的需求：既可以保证安全，又可以提供一个有事情发生的边界"。[127] 根据弗雷泽·达令的说法，这就是关键所在。外围是生命的中心枢纽，甚至可能是赋予生命力的中心枢纽。这是鸟类最活跃的地方，既是传统意义上的活跃，也是蒂博·德·梅耶所提出的意义上的。再一次引用蒂博的话，这些都是"激发热情的手段"[128]。弗雷泽·达令在提到 G. 林克尔（G. Rinkel）于 1940 年对凤头麦鸡的观察时解释说，这些鸟类非但不会避免冲突，相反，它们似乎"寻找每一个机会来引发冲突，因为这会给它们带来情感上的刺激"。他认为，其他许多鸟类也会表现出类似的倾向，在边界有一种冲突的气氛，这种气氛通常都是故意营造的。领域及其边界所发生的极具戏剧性的游戏，也提供了这样的氛围。正如弗雷泽·达令总结的那样，动物"需要走出自我"。在动物生活中，似乎存在一种"互惠的反应"。

因此，人们可能会认为，这些表面上毫无结果的冲突构成了某种戏剧，为了自身利益而反复上演，并引起反应。既刺激了表演者，也刺激了观演者。因为，事实上，领域只有通过界域化和解域化才能存在，毕竟通常是在进出领域的时候我们才会感受到领域的存在。领域只存在于行动中，这意味着领域实际上就是表演，一方面，领域本身具有戏剧性，另一方面，领域只有被表演时才能存在。正是这些表演"影响"了领域，使其成为一个受到各种影响的空间。从某种意义上来说，冲突是服务于各种展示的，无论是歌曲、舞蹈、仪式、姿势还是颜色。这样的展示不仅表达了情绪，而且激发了情绪。这种游戏，这种影响一个特定地方的表演，这种构成领域的表演，至少需要两只动物的参与——其实两只也是太少了一点。

在这里，领域也是一种表现方式，一种社会化的表现方式。或者，更确切地说，社会性是服务于领域化的，成为领域配置的一部分，有了新的功能。因此，正如瓦尔德尔·克莱德·阿利所指出的那样，领域实际上更像是一种生态现象，而非行为现象。

＊

## 对　位

> 如果（科学家们）用一系列社会问题来测试狒狒的智力，而不是用不同颜色和形状的塑料碎片……那么智商有问题的可能就是他们自己了。
>
> ——乔治·夏勒（George Schaller）[129]

20世纪70年代初，关于狒狒的灵长类动物学成为一个极具争议的研究领域，因为研究人员开始报告他们实地考察得到的观察结果，这些观察结果与以前的想法和对狒狒的公共认知相矛盾，因此有可能破坏所有原来基本符合狒狒社会情况的模型。因为确实存在这样一个"模型"，它有相当严格的统治等级，有明确（且相当微不足道）的雌性角色，还有对资源的公开竞争，所有这些维度在某种程度上都构成了所谓的"物种不变量"。这一模型开始分崩离析了：例如，灵长类动物学家塞尔玛·罗威尔（Thelma Rowell）指出，她从20世纪60年代初开始在乌干达观察的狒狒对竞争或等级制度都不感兴趣，雌性狒狒对一切决策的影响比人们想象的要大得多。她年轻的同事雪莉·斯特鲁姆（Shirley Strum）报告说，她没有看到任何她被教导要看到的东西，在她描述的社会中，主导地位没有带来任何它本应带来的好处，与雌性狒狒的友好关系对雄性狒狒来说是一张关键的王牌。在同一物种内部，这种社会组织的差异又该如何解释呢？

这种令人费解的差异最初引起了一些假设，这些假设质疑科学家本身的权威性：一方面，观察者的主观性和方法的不同可能导致这种差异；另一方面，研究或许还处于非常初级的阶段。然而，研究人员自己却相信，随着时间的推移，总会找到一种更严密的方法。有些人认为，是生态条件导致了狒狒社会偏离规范，但这种说法并不质疑有一种规范的存在。

哲学家布鲁诺·拉图尔提出了另一种假设：正是指导这些研究的社会学范式本身使得研究无法考虑到狒狒

139

社会的多样性。因为这种范式建立在这样一种定义之上：社会是个体必须去适应的一个模子——这就是所谓的社会联系的实指定义①。这个模具是在进化过程中形成的，因此更加难以撼动。在与雪莉·斯特鲁姆共同撰写的一篇文章中，拉图尔断言，如果我们想了解一个社会的本质，无论是人类社会还是灵长类动物的社会，那就不应该提出一个需要参与者去适应的社会模具，或者一个只有社会学家才能解释的社会背景，我们需要更密切地关注那些变得社会化的关联和联系是如何一步步诞生的。因此，这一社会学对社会采用了一种"述行性的"（performative）②定义。有了这个定义，参与者就会不断为自己和他人定义什么是社会。因为只有当每个社会成员都努力去定义社会时，社会才会存在。与其专注于参与者之间一开始就建立好的社会联系，不如探索参与者是如何创造这些联系，从而定义社会应该是什么样子的——也就是说，不要看已经形成的社会，而要看正在形成的社会，正如哲学家威廉·詹姆斯（William James）

---

① 实指定义，亦称"实指的外延定义""指示定义"，即通过指出某个词语所指称的某一具体对象来揭示词语意义的方法。例如，当有人不知什么是微型电子计算机时，就指给他看一台微型电子计算机，并说："这就是微型电子计算机。"

② "述行语言"是英国理论家 J. L. 奥斯汀（J. L. Austin）在 20 世纪 50 年代提出的概念，指说话人在说话时，动词所表示的动作与说话同时完成，如"我保证"。这里指的是对社会定义的不断更新。

可能会说的那样。这种观点的有趣之处在于，它能帮助我们理解为什么斯特鲁姆没有看到她被教导要看到的东西，以及为什么她的狒狒固执地拒绝示范它们本应该符合的模子。当斯特鲁姆到达考察现场时，她首先问自己：当狒狒与其他同类互动时，它们会问自己什么问题？正是狒狒可能会问的这些问题引导了她的研究。因此，从一开始，斯特鲁姆就在她的方法论中采用了一种关于社会的述行版本。在让狒狒回答这些问题的过程中，斯特鲁姆了解到，狒狒们在不断谈判，相互试探，猜测其他狒狒的意图可能是什么或它们将要做什么，建立联盟并努力找出谁是谁的盟友，当然，还试图控制甚至操纵其他同类。在观察狒狒时获得的这些反应让斯特鲁姆和拉图尔得出了结论："由于狒狒不断进行谈判，社会联系就转变为了一个过程，一个能让它们知道'社会是什么'的过程。"换句话说，"狒狒并没有进入一个稳定的结构，而是在协商这个结构将是什么样子的"[130]。

因此，狒狒组织生活的各种不同方式并不是外部决定论的简单产物，无论这些外部因素是研究条件、生态环境，还是观察者之间的差异：动物不会进入一个特定的社会，也不会进入一个等待着它们的等级制度或联盟体系，它们会探索，会进行实验和调查，进而发现它们的社会可能是什么样子的。为了做到这一点，它们必须不断测试联盟的可用性和稳固性，却不能保证哪些联盟会坚不可摧，哪些会不起作用或破裂。这最后的观察结果使拉图尔和斯特鲁姆提出了另一种对比，这次是狒狒社会和人类社会之间的对比：前者是因内在属性而复杂的社会，后者则似乎是因外部原因而复杂的社会。社会的述行定义提出了这样一个问题：我们该怎么做？参与者必须采取什么实际手段才能使他们对社会的定义得到广泛认可？当我们试图回答这些问题时，会发现狒狒社会的一个特殊性：它们很少有简化的方法。在社会因外部原因而复杂的地方，这样的方法是存在的：人类社会拥有符号和物质资源——如合同、担保、制度、技术、议程、书面承诺等——能稳定某些因素，使它们保持不变，并允许参与者将某些事物、事实、要素、特征视为给定的。

而狒狒则必须不断重新调查和谈判，以实现自己的目标。事实上，在它们的社会生活中，即使个体的某些品质是固定的，如年龄、亲属关系或性别，但对于大多数使它们能预测或预示他者行为的特征，还是必须在各种关系中不断被重新协商。因此，狒狒的社会是因其内在属性而复杂的，这意味着它们用来构建或修复社会秩序的解决方案从来都不稳定，必须不断地重新设计。换句话说，为了谈判，它们只能依靠自己的身体、社交技能和它们能够发明的策略。

吉尔·德勒兹在早年的一篇文章中提出，本能和制度应该被理解为对同一动机的回应：它们是"一种可能的满足的两种有组织的形式"[131]。他补充说，这种制度"总是作为一种有组织的关于方法的体系出现"：性需求在婚姻中得到满足，同样，"有了婚姻就不必再寻找伴侣，但需要承担其他任务"。这个定义的优点在于把社会描绘成"创造性的"，因为它发明了新颖的满足手段，而把制度描绘成积极的：当法律限制行动时，制度就是行动的积极模式。社会之所以更具创造性，一方面是因为制度仅仅通过发明满足这种倾向的手段就能改变这种倾向，另一方面是因为制度不能用倾向来解释——"同样的性需求永远无法解释各种各样的婚姻形式……残暴根本不能解释战争；但残暴在战争中找到了最好的手段"。值得注意的是，在《千高原》中，德勒兹提出了一个非常类似的观点，但这次是在界域的背景下。正如我们所看到的，与康拉德·洛伦茨的观点相反，德勒兹和加塔利认为，攻击必须以界域为前提，但不能用来解释界域。

我不打算在这里讨论德勒兹在文章中关于制度与本能的对比，因为本能问题在这里对我们没有什么帮助。但是，从他对制度和界域的分析的相似之处来看，我想保留两个观点。首先是创造性的概念：事实上，正如制度不能仅仅用需求来解释一样，领域也不能简单地用冲动来解释。领域是一项发明，能够把需求和冲动转化为其他东西。更准确地说，在这种情况下，让我们再次回到弗雷泽·达令所提到的直觉，领域是为社会行动的某些可能性服务的。我的第二个观点是，制度构成了一种模式，这也可以解释我的第一个观点。领域也能发挥类似的作用。这里使用的术语"模式"，并不是我们已经遇到过的那种意义上的模子——狒狒社会的模式迫使狒狒遵照某些物种不变量——而是在主动的、积极的、述行的意义上，正如德勒兹所描述的那样，制度是"一种构成模式的社会活动"，能够将"所有情况整合到一个预期系统中"[132]，并使预测和制订计划成为可能。

当然，严格地说，领域并不是一种制度，但它肯定可以发挥与制度类似的作用，因为它是一种发明，可以稳定某些维度、某些特征，从而使预料和预测成为可能。领域还能成功承担某些计划。换句话说，在像鸟类这样因内在属性而复杂的社会中，领域是一种发明，通过确保社会生活中某些要素的稳定性，并使参与者能在一定程度上预测他者会怎么做，从而使得因外部因素导致的复杂性得到简化。

如果这个类比是恰当的，那么领域的作用就类似于雪莉·斯特鲁姆所认为的雌性东非狒狒的等级制度所起的作用。领域将构成她所谓的"结构"。在狒狒的日常生活中，正如我们所看到的，它们为了完成社会事务一刻也不能停歇。例如，它们会在社交前梳洗一番，这有利于满足所谓的经营关系和建立联盟或友谊的需要，但这在很大程度上仅限于相对少数的可能参与者。斯特鲁姆指出，如果动物事先不了解自己与其他动物的关系，那么群体生活所涉及的社会成本将很高，压力也会很大。如果动物每次需要选择在哪里进食或休息、应该去哪里、可以接近谁、需要远离谁时，都被迫不断进行协商谈判，那么它们的社会生活将会瘫痪。它们将没有时间满足基本需求，正如斯特鲁姆所指出的那样，自然也没有精力去应对任何新的挑战了。"由于复杂性产生了各种各样的选择，"斯特鲁姆观察到，"狒狒群中的个体对该做什么产生分歧也并不奇怪。这些分歧必须得到解决，因为团队必须作为一个整体行动。解决问题需要谈判。因此，处理社会生态复杂性所带来的后果是，狒狒每天都要面临严峻的挑战。"[133]

从这个角度来看，雌性的等级制度是"被遴选出来作为主要结构的"。这种等级制度使动物之间的关系得以稳定，并让动物知道它们可以对其他动物有什么期望，它们应该如何表现，知道可能建立的联盟以及这些联盟的可靠性。斯特鲁姆补充说，雌性保守的天性"有助于保持这种等级制度的相对稳定和可预测性"[134]。这一点可以从以下事实中得到证明：如果一只雄性狒狒在冲突中输给了另一只雄性狒狒，它可能会在接下来的一整天甚至一整周内继续对结果表示异议。而雌性狒狒在面对同样的情况时，很少会质疑这种结果。然而，雌性的等级制度并不是一成不变的，因为母亲和女儿之间也有等级上的调整，但根据斯特鲁姆的说法，这通常不会影响到整个队伍。但当雌性的等级制度整体发生变化时，就会导致攻击行为的爆发，有时非常暴力，会殃及整个队伍。群体生活可能会停滞几天，持续的不稳定可能会在接下来的数周甚至数月内影响群体。这些混乱的时期有力地说明了狒狒需要一个稳定和可预测的结构，使它们能够管理自己的日常生活。因此，这种等级制度并不像许多科学家所认为的那样，是一种遗传特征，而是一种处理事务的原则。"当我们认真对待复杂性和过程时，结构的重要性是显而易见的。关于结构，其他领域也有类似的争论。在生物系统和人类社会中，各种理论都认为结构有利于减少不确定性，减少认知失调，建立社会关系，促进社会交流。"[135]

我想，从前文可以清楚地看出，我不喜欢类比，如果让读者误以为我是在把狒狒与鸟类进行比较，那这是我的失误。鸟类不是狒狒，更何况也很难对狒狒进行概括，只能说，我们对狒狒的了解在很大程度上受到了我们问它们的问题的影响。狒狒并不是模型——不管是对它们自己、对我们，还是对鸟类来说——但它们可以在社会环境中创造模型来应对生活的挑战。我在这里通过提及狒狒所希望获得的，实际上与我对鸟类的要求并没有太大的不同：将我们的想象力朝其他的思维方式打开，打破某些常规，突出某些关注类型所产生的影响——在我们观察到的东西中，我们究竟决定凸显哪些东西？我们还要让其他故事成为可能。当然，在鸟类身上揭开这些故事比在狒狒身上要困难得多，因为人们倾向于将如此多的原因归结为本能，常常提及生物体的变化，提到它们作为非灵长类动物的地位，甚至是作为非哺乳动物的地位，所有这些都在某种程度上使事情变得复杂起来。但我们也应该记住，事实上，狒狒曾经也是很不容易的。我们今天对它们的了解不应该让我们忘记这样一个事实：正如斯特鲁姆所言，在 20 世纪 70 年代之前，狒狒的选择非常有限，而且被认为应该服从某些严格的决定论，这让它们几乎没有回旋的余地。事实上，狒狒如今被看作"披着皮毛的社会学家"[136]，这是研究者努力工作的结果，是想象力的结果，更具体地说，是其他关注方式的结果。

但鸟类还是有一些优势的。首先，它们不用承担代表人类起源和为人类提供模型的繁重任务。[137] 其次，正如我已经指出的，鸟类学家很早就培养了一种比较的方法，这使他们注意到，鸟类有许多组织自己生活的不同方式。而且在这一研究领域内，我们还看到了一种持续紧张的关系：一方面，研究者渴望找到一种理论来统一事实；另一方面，他们又认识到，物种内部的多变性意味着任何理论都只能适用于部分地区。最后，我们不能忽视鸟类的非凡活力、它们的创造力、它们传达领域重要性的非凡能力，以及它们为服务这种重要性而展现出的美。所有这一切都有利于吸引人们的注意力，发展人们的想象力。因此，一些敏感的研究人员就为那些没有太强宿命论色彩的故事创造了空间——有时只是一个缝隙，但仍然很重要——这些故事为鸟类和观察它们的人类提供了更大的回旋余地，让研究人员抵挡住了一切寻找模型的诱惑。

# 第六章　复调乐谱

　　建筑师卢卡·梅利尼（Luca Merlini）宣称，建筑塑造了人际关系。[138] 我认为，我们应该把这一主张中的人类中心主义剥离出来。在《沉默的世界》（*Le Monde du silence*）中，雅克-伊夫·库斯托（Jacques-Yves Cousteau）和弗雷德里克·杜马（Frédéric Dumas）描述了他们是如何在波克罗勒岛附近海域发现了一个章鱼村的。[139] 他们在那里看到了一些他们认为是别墅的东西，其中一幢别墅上方有一块宽阔的石板，形成了平屋顶，由石头和砖头组成的两根过梁支撑着，在入口的前面，还有用石头、玻璃瓶或陶器的碎片、贝壳和牡蛎壳建造的壁垒。从那以后，人们逐渐发现了其他村庄。2009 年，在澳大利亚东海岸的杰维斯湾，人们发现了一座章鱼"城市"，并将其命名为"Octopolis"。而最近，在离它不远的地方，又发现了一座这样的城市，人们将其命名为"Octlantis"。我们从前一直认为章鱼喜欢独居，不善交际。但这些发现表明，它们实际上有能力改变自己的习性，或者更确切地说，有能力以一种新的方式去适应能为它们提供所需东西的环境。这就是专门研究动物建筑的动物学家迈克·汉塞尔（Mike Hansell）所说的"生态路线"（ecological route），他用这个术语来描述生物对环境的改造如何最终导致生物习性和行为的改变，从而创造出新的生活方式和组织生活的方式。[140] 章鱼所做的是创造一些形式，这些形式反过来又塑造了它们在这一过程中创造的社会。从这个角度来看，领域可以被描述为塑造社会存在方式和组织生活方式的形式。

我们已经看到，领域可以被认为在动物夫妻关系的形成过程中发挥了作用。无论是鼓励邂逅、同步鸟类群体的行动、调整它们的心理或生理节奏，还是使它们的关系更紧密，正如苏里奥在描述山雀巢时所说的那样，领域都进行了"调解工作"——提到这个鸟巢，他写道，它不仅是爱的作品，而且是"爱的创造者"，因为正是在筑巢的过程中，伴侣们才坠入了爱河。[141] 因此，领域是一种形式，能在其范围内产生和塑造各种影响、关系和组织生活的方式。这一点可以从对某些鸟类的观察中推断出来，这些鸟类会根据定居的领域来修改它们的婚姻制度。

林岩鹨的婚姻组合是最为多样的（这里还可以举出其他例子，但我必须承认我个人对林岩鹨特别感兴趣）[142]，包括一夫一妻制、一妻多夫制、一夫多妻制和多配制。当雌鸟选择了一个较大的生活区域时，要捍卫领域就更具挑战性了。通常在这种情况下，雄鸟会与其他雄鸟结盟，一妻多夫制会盛行。而如果生活区域较小，那么一夫多妻制将趋于主导。雌鸟的生活区域总是具有排他性的，而当多只雄鸟与同一只雌鸟生活在一起时，雄鸟的生活区域是重叠的，它们经常互相合作来保卫领域。在雌鸟建立了自己的生活区域后，雄鸟就会靠近它并绕着它飞行，边飞边唱。有观察者说，雄鸟是在探索雌鸟生活的地方，但主要还是为了在雌鸟周围建立一个歌唱的领域。如果雌鸟同意在一只雄鸟的歌唱领域内定居，那么这对夫妇就会实行一夫一妻制。但雌鸟也可以冒险在两个歌唱领域上徘徊，这一选择将导致两只雄鸟之间的冲突，它们一开始会从自己的领域出发追击对方。一段时间后，冲突逐渐平息，两只雄鸟显然接受了对方的入侵，一种统治秩序被建立起来，领域由两只雄鸟共享。两只雄鸟似乎相处融洽，会在同一栖木上唱歌。然而，当雌鸟开始产卵时，冲突会再次爆发，根据尼古拉斯·戴维斯（Nicholas Davies）和阿恩·伦德伯格（Arne Lundberg）的说法，这似乎反映了"关于如何分享交配权的分歧"[143]。在观察到的一个案例中，一只年轻的雄鸟固执地在另一只鸟儿的领域周围徘徊。在被驱赶多次后，它最终被年长一点的雄鸟接纳了。人们还观察到，相邻的两对一夫一妻制鸟儿中有一只雄鸟，它冒险进入另一对的领域并在那里唱歌，没有遭到什么反抗。几天后，它成为两个领域的雄性领袖，另一只雄鸟则处于从属地位。林岩鹨相对来说比较不同寻常，因为雌鸟会先建立自己的生活区域，自己选择位置——这与其他鸟类如歌鸲的情况完全相反，雌性歌鸲通常会在雄鸟已经建立的领域上居住，刚开始的时候，雌鸟会一直跟着雄鸟，可能是为了了解领域的边界。在林岩鹨中，雄性与雌性的比例受到后者高死亡率的强烈影响。结果就是，许多雄鸟注定要独身。然而，林岩鹨设计了一种极其灵活的组织系统，包括一妻多夫制的安排，允许雄鸟介入已经建立关系的伴侣。因此，领域塑造了配偶关系的组织方式——这并不是说领域拥有完全的决定权，而是说，领域提供了一种形式，鸟类能以此为基础安排自己的生活。换句话说，这是关于形式的建议。

但是，更广泛地说，如果我们考虑到领域不仅意味着在自己的范围内建立关系，还意味着与其他领域建立关系，那么，正如章鱼城市所暗示的那样，领域很可能具有"创始"功能。从这个角度来看，领域是产生社会关系的形式，甚至是塑造社会的形式。或者，更确切地说，当社会结构面临新的挑战，例如，与交配和繁殖有关的挑战时，领域在大多数情况下是更新社会结构的形式。我想再次回到弗雷泽·达令极有趣的理论，特别是他使用的一个术语，我再引用一下他的话，他将领域描述为"由一个或两个中心点——巢穴和歌唱台——和外围共同组成的地方"。"外围"一词让人们注意到了领域的一个非常重要的方面：它们总是毗连的。不会有领域"处在极为偏僻的地方"，就算有也是个例。它们总是与其他领域共同存在，它们总是相邻的。

正如前文所述，在领域研究历史的早期阶段，研究人员提出了一个假设，即鸟类可能会相互吸引，这可以解释阿利所说的"传染性分布"（contagious distributions）现象。[144] 但这似乎也是一种悖论。应该指出的是，这对那些专注于竞争和攻击问题的研究者来说是尤其矛盾的：攻击问题证明了与同类保持距离的必要性，而鸟类就是通过攻击来保持这一距离的。因此，鸟类互相接近只能被视为一种投机性决定，目的是占领最好的地点，结果就是导致这些地点趋于饱和——这种情况将为竞争提供进一步的理由。此外，不难想象，这种栖息地饱和的印象很可能有利于种群控制理论的发展。

然而，只要其他研究人员能够接受一个事实，即鸟类攻击主要是为了表演，并且问题的关键不在于或者至少不仅仅在于"节省"——正如玛格丽特·尼斯在提到歌带鹀时所说的那样——那么他们就会意识到，鸟类互相接近可能是有其他动机。1937 年，尼斯观察到，歌带鹀倾向于将它们的领域组合成一个集群——一个从中心向外辐射的区域集合。很早以前，人们就在北欧观察到过类似的现象。根据研究人员对这些北方鸟类的观察，同类之间的吸引力似乎控制了它们对领域的选择。新来者被同类的歌声所吸引，它们更喜欢在已经建立了领域的鸟儿附近定居。一些研究人员注意到，新来者有时也会满足于不太完美的领域，只要与之毗邻的其他领域都由同类占据。当然，作为人类，我们很难评估什么是最理想的领域。在实验室中进行的实验已经成功将条件标准化，但这些条件仍然不是很可靠。在这个问题上，阿利注意到，在实验室条件下倾向于聚集的许多物种，在自然条件下却不会这样做，相反，那些在野外时似乎想聚集的动物，在实验室的有限空间里往往会互相排斥。

尽管如此，朱迪·斯坦普斯指出，引发这一假设的是来自北方的鸟类，这并非巧合，因为这些鸟类大部分是候鸟，因此，每年的波动非常大，密度变化也比留鸟要明显得多。一方面，当密度相对较低时，例如，第一批鸟类迁徙回来的时候，若有大面积的可用区域，聚集效应要显著得多。另一方面，当同一鸟类种群由于年复一年经历变幻莫测的迁徙冒险而数量下降时，可用的领域就会过剩。因此，在这两种情况下，聚集不仅更明显，而且可以被解释为一种选择，而不是迫于种群密集的压力所产生的结果。[145] 可以进一步支持这一假设的事实是，某些物种每年占据领域的顺序都不一样。如果仅仅是食物供应的问题，那么首先到达的鸟类就会选择最好的地方，随后到达的鸟类会选择质量次好的地方，以此类推，年复一年。然而，我们注意到，集群模式的形成取决于率先到达的鸟儿的位置，而这个位置每年都不一样。

受到实验室封闭条件的影响，实验结果并不可靠，因此，研究人员在野外进行了其他实验，着重评估了已经定居的鸟类的歌声对正在寻找领域的同类可能产生的吸引力。当用扩音器给斑姬鹟播放同类的歌声时，似乎歌声越响，对鸟类的吸引力就越强。另外两名研究人员在对红翅黑鹂的一些聚居地进行研究时，测试了所谓的"虚张声势"（Beau Geste）——这种策略原来指的是一队法国外籍军团使用过的一种战术，通过制造大量噪声来欺骗敌人，使他们无法知道我方的真实兵力。1977 年，约翰·克雷布斯（John Krebs）提出了一种假设，他认为领域性鸟类明显多余的重复鸣叫可能会让新来者误以为该地区种群非常密集，从而阻止它们在此处定居。然而，对红翅黑鹂来说，产生的效果似乎恰恰相反。唱歌的鸟类越多，反而有越多的鸟类想要在此定居。但是，对许多物种来说，吸引力还是有限度的：超过一定的阈值，高密度的种群将产生相反的效果。换句话说，种群密度过疏的领域没有吸引力，但过密的领域同样没有吸引力。有一些实验还证明了时机的影响：如果在领域已经建立好的时候播放鸟儿的歌声，其他鸟儿试图在那里定居的倾向就会降低。如果在领域建立过程中播放，那就会对鸟儿产生很强的吸引力。边界不是在一个区域尚未被发现和未被捍卫的时候就存在的，而是共同生活在同一地点的个体之间进行社会互动的结果。当然，鸟类确实会选择一个地方，但它们也会选择邻居，甚至在某些情况下还更看重邻居。因此，正如弗雷泽·达令所认为的那样，领域就是关于邻里关系的创造。

当然，也有研究人员试图从实用性的角度来理解这些选择的原因——比如，像费希尔那样断言鸟类本质上是社会性的，社会性渗透到了它们行为的方方面面，但这样的理解是不够的。选择性压力是由更具体的好处驱动的。首先，群体能更好地抵御捕食者，尤其是因为它们能发出警报。其次，正如前面提到的，雄鸟的数量越多，就越容易吸引雌鸟。这也可以解释为什么新来的鸟儿喜欢住在同类附近，"新"要么是因为它们来自其他地方，要么是因为它们是刚刚迁徙回来的年轻鸟儿。后者由于很小的时候就离开了，因此对该地区不甚了解。这些新来者的首要任务就是寻找栖息地的相关信息。尼斯已经提出过类似的假设，她观察到，前一年出生的歌带鹀迁徙回来时会在已经组成的群体附近定居，而不愿选择同样有利、最重要的是还没什么鸟儿争夺的栖息地。评估和寻找食物资源是需要时间的。如果是第一次定居，资源就更关键了。因此，鸟儿完全有理由依赖那些已经拥有这些信息的同类，并尽可能在它附近定居。生活在附近的动物，无论是否有意，都可以为彼此提供大量信息。此外，我们还注意到，鸟类会密切观察彼此。一些研究人员甚至提出了这样一种假设，即自我推销的歌曲、展示活动和仪式化的舞蹈是个体健康状况的可靠指标，因此也是其领域质量的可靠指标。

许多观察者已经注意到了大量鸟类对彼此表现出的好奇心。1978年，研究人员对草原林莺进行观察时发现，在155起入侵事件中，有122起显然只是为了观察居住者进食、筑巢或喂养雏鸟，而且入侵者也没有打算顺便带走一点食物。因此，邻居的存在似乎带来了许多好处。而且，从这个角度来看，至少对某些鸟类来说，入侵不是为了攻击，而是获取信息。

正是从这个视角出发，朱迪·斯坦普斯提出，边界冲突也是为获取信息而故意挑起的。但是在这种情况下，想要获取的信息并不是关于这个地方及其资源的，而是关于这片领域的拥有者的。当新来者打算在某个地方定居时，它必须与已经居住在那里的鸟儿进行互动，以确定哪些领域已经被占领。最简单的方法就是接近居住者，测试它们的反应。因此，所有打算建立领域的新来者都会努力激起这些反应，因为这是了解在邻近地区可以做什么以及与谁一起做的最佳方式。根据斯坦普斯的说法，这样一来，对边界的入侵并不是为了偷窃或企图占有空间，在某种意义上，是对地形和邻近地区的一种调查。对居住者进行试探，这是了解它们的可靠方式，也是新人自我介绍的机会。

如果领域是建立邻里关系的一种方式，那么我们还可以考虑另一种假设。大量的观察表明，对许多鸟类而言，随着领域的建立，它们慢慢发现了自己的极限，事情逐渐安定下来，冲突就会开始平息，关系也变得更加和谐。1935年，弗兰克·查普曼（Frank Chapman）在巴拿马运河的一座人造岛屿巴罗科罗拉多岛上观察金领娇鹟。这些鸟儿在林地上开辟出一块空间来建造"庭院"，形成了一个集群，由于彼此靠得很近，所以更容易被雌鸟看到。在提到查普曼的研究时，尼斯写道："金领娇鹟庭院体系的成功是基于对领域权的严格遵守……这种对边界的承认就相当于法律和秩序。鸟类不用浪费时间和精力在没有意义的争端或不必要的冲突上，可以集中精力去赢得雌性的注意，这才是它们现在的主要生活目标……在正常的求爱条件下，雄鸟之间能和睦相处，并不是因为它们性情温和，不知道如何战斗，而是因为它们很有组织，严格遵守求爱法则，这样一来就不会发生冲突。"[146] 大约在同一时期，美国鸟类学家亚历山大·斯库奇（Alexander Skutch）在描述中美洲鸟类温和的性情时指出，当鸟类有一整年的时间来协调领域要求、解决情感纠纷时，它们通常会通过谈判来达成协议，而不会诉诸暴力。[147]

据观察，就某些物种而言，与邻居的冲突是无法与求偶仪式或作为父母的职责兼容的。事实上，朱迪·斯坦普斯提出了一个假设，即领域群体的社会风格可能会影响雌性的选择。阿利和他芝加哥学派的同事发现，以黑琴鸡为例，它们的领域是交配场所（leks），雄鸟之间的关系好坏可能会影响雌鸟的偏好。由于下雪，一群雄鸟被迫转移了它们的竞技场，来到了另一群雄鸟的附近，结果就是，到了通常的交配期，争斗仍在继续。黎明时分，雌鸟成群结队地来到这里。然而，由于战斗仍在进行，雌鸟就离开了，去了另一个地方，按照研究者的说法，它们去了一个"组织良好、环境安静的交配场所"[148]。此外，在红翅黑鹂中，人们观察到，与雄性之间互不认识的群体相比，雄性相互熟悉的群体的繁殖成功率要高得多。斯坦普斯在这个问题上写道："从雌性的角度来看，一群已经彼此建立了令人满意的稳定社会关系的雄性，可能比一群仍在相互争斗的雄性更受欢迎。"[149]如果这个假设是正确的，她继续说道："那么雌鸟就应该在一个特定的领域附近'追求配偶'，在那里，雄鸟的行为应该表明它们已经解决了争端，并且准备好投入求爱或作为父母的责任中去了。因此，雌鸟最终会向雄鸟施加压力，以确保它们尽快解决冲突，协调它们的自我推荐行为。""雄鸟之间协调的对唱，或者没有表明领域冲突的信号，这些都是附近地区已经安定下来的迹象。"

因为生活在一个充满歌声的领域也意味着要与其他鸟儿妥协，意味着要适应它们的歌声。自20世纪60年代末以来，作曲家兼生物声学家伯尼·克劳斯（Bernie Krause）一直在录制各种声景。他指出，在此之前，大多数研究人员收集声音的方式就像博物馆收集标本一样，没有考虑到不同物种之间甚至不同动物王国之间可能存在的关系。而克劳斯自己在寻找的则是别的东西，我想说，他所寻求的东西非常符合他音乐家和作曲家的身份。他致力于了解动物是如何相互协调的，以及它们是如何与周围环境、风和水、其他生物以及植被的运动相协调的；它们是如何创造出一系列休止并最终组成和音的；它们是如何共享频率，又是如何一起作曲的。"会有一只鸟儿、昆虫或青蛙先开始唱歌，然后当它停下来时，其他动物就会接着唱。"[150] 伯尼·克劳斯所说的"集体发声行为"[151] 在声谱图上以合奏的形式特别清晰（对我们来说）地显示出来，在这里可以清楚地区分一段段不同的音频：每个参与者——鸟儿、青蛙、昆虫和哺乳动物——都占据了一个时间、频率和空间上的声位。这种创造性的配置讲述了一个故事。"当不同的动物群体在很长一段时间内共同进化时，它们的声音往往会分裂成一系列彼此不同的音频。因此，每个声音频率和时间声位在声学上都是由一种发声生物定义的：昆虫倾向于占据频谱的特定波段，而不同的鸟类、哺乳动物、两栖动物和爬行动物则占据其他各种波段，这样一来这些波段的频率或时间相互重叠和掩盖的机会就会更少。"[152] 因此，伯尼·克劳斯巧妙地提出，这个"声学集体的各个成员［……］相互之间形成了独特的亲缘关系，共同发声"[153]。多亏了这种对声音的细分，这种对歌唱时间的分配——声学领域的冲突也因此得到解决，鸟儿的歌声很少会重叠。因此，它们成为一个作曲系统的一部分。不但是在严格的音乐意义上，而且是在社会音乐性的意义上。领域是各种各样的编曲，也是各种各样有旋律的和声。

以旧金山地区的白冠带鹀为例，雄鸟尚未成年就建立了自己的领域，虽然距离繁殖季节还有很长一段时间，但它们还是会全年保卫领域。起初，这些雄鸟有四种不同的叫声，但随着时间的推移，它们会更偏爱其中两种，因为这两种叫声与能进行互动的邻居的叫声相匹配。观察人员注意到，接触到邻居的对位声部之后，这些雄鸟的叫声就会改变。[154] 这种歌声互相匹配的现象在云雀身上也能观察到，在这种情况下，旋律成为一种标志，表明这些鸟类属于同一个地方，有同样的邻里关系，从而使它们能够认出彼此。"像邻居一样唱歌"能创造一个社群。鸟儿偏爱自己的曲目中与另一只鸟儿的歌声相似的歌曲，这也起到了米歇尔·克勒泽（Michel Kreutzer）所说的"投寄"作用，使唱歌者能够向邻近的鸟类表明，这首"匹配的"歌曲确实是唱给它听的。[155]

正如前文所述，思考领域也意味着重新激活附加在单词上的其他含义，扩大它们的语义场，并将它们解域，以便在其他地方再结域：占有、财产、特性、和音、组合……现在我们需要以新的关注模式来看待所有这些术语：它们连接了其他领域，强化了其他维度，创造了新的关系，要求我们倾听其他东西（休止与和音），体验其他东西（情绪、节奏、力量、生命的流动以及平静的时刻），品味其他东西（更激烈、更重要的东西，还有非常重要的差异）。鸟类的和音展现出了它们的睦邻友好关系，见证了它们成功的集体冒险，因此，我现在要介绍另一个术语，也是一个音乐术语：乐谱/分割（partition）。因为领域就是一块块分割的空间。而且，这个术语的意义在这里再次得到了扩展，包含了两个独立的概念：一方面指的是由不同的歌曲组成的和声，另一方面也可以指将一个给定的空间划分成单独领域的过程——准确地说，这个术语现在指的不再是分割，而是"分享"。法语中这一双重语义的巧合——"partition"这个单词既可以指乐谱，也可以指一种分配、分享领域的方式——暗示了居住领域的两种不同方式，这是一种同时具有表达性和地缘政治意义的双重维度。领域就是基于声音的领域性网络。

我们今天将领域定义为地缘政治形式的组合（聚在

162

一起）与分割（分散开来），这并不是一个新概念，最早是由詹姆斯·费希尔提出的。包括尼斯和洛伦茨在内的许多研究者都选择将领域描述为关于惯例的一种表达，换句话说，是将领域视为一种形式，如果这种形式得到尊重，就能使集体社会生活平静下来，并使之成为可能。类似地，在巴蒂斯特·莫里佐对外交家形象尤其是对狼的外交家形象的精彩研究中，他提出，领域涉及一种安抚公约体系，或者更准确地说，是"和解的常规手段"[156]。如果说确实有证据表明，当鸟类保卫领域时，它们并不会攻击其他没有相同需求的物种，那么其实据观察，在多数情况下，当鸟类在进食时，它们也能够容忍同物种的入侵者，不过一旦它们开始表演或唱歌，就会将入侵者驱赶出去——比如，林岩鹨就是这样。领域将一切进行了编码。巴蒂斯特·莫里佐观察到，当狼越过边界时，它们会停止做标记。按照这一概念，领域是一个行为规范的地方：从这里开始，有些事情是不能做的。这不再是简单的行为问题，而是生物的群落生态学中最有趣的方面的一个例证，巴蒂斯特也称之为地缘政治学。

根据我们目前所看到的，所有这些对鸟类来说都是有意义的。作为一种基于惯例的系统，领域涉及一个因惯例而需要进行试探、在试探中形成惯例的过程：摸索着划定边界，谈判，挑衅，挑战，见习，尝试着攻击，了解到什么是"可以做的",什么是"不能做的"。形式得到了尊重。在创造形式过程中进行的一系列试探也得到了尊重,鸟类通过这些形式来确定从现在起它们的领域社会应该是什么样的:通过谈判达成公约,然后将公约确定下来。这一假设被接下来的事实所证实,正如我们所看到的,一段时间后,事情趋于稳定,冲突也很少了。鸟类可以继续做其他事情,其他更重要的事情。

正是受此启发,费希尔于1954年提出了一个假设。他自己也已经注意到,鸣禽经常将它们的领域聚集在一起,它们和邻居之间的主要关系并不是竞争关系。他写道:"鸣禽占有领域的结果是创造了由个体组成的'邻里关系',这些个体拥有自己一定的、有限的财产,但它们却与邻居保持着牢固的社会联系,这种关系在人类身上可以被描述为'亲敌'或'敌友',但用在鸟类身上应该更准确地称之为'相互刺激'。"[157] 费希尔所说的"亲敌效应"(dear enemy effect)将引起许多研究者的关注。同时我们也会发现许多与这一理论相悖的现象——考虑到领域以及鸟类不守纪律的习惯所激发的创造性,这也是意料之中的。有时确实可以观察到所谓的"恶邻效应"(nasty neighbour effect),这表明,特别是在竞争激烈的物种中,与被重新定义为坏邻居的近邻的冲突比与外来者的冲突要明显得多。

"亲敌效应"是指,如果入侵者是近邻,那么动物的反应就明显没有像面对来自遥远地区的因此也不那么熟悉的动物时那样剧烈。此外，这种效应是动态的，因为它通常是逐渐建立起来的（不能简单地解释为习惯的结果），并且可以随着环境的改变而改变。这种现象在云雀身上得到了特别深入的研究。根据观察云雀的鸟类学家所说，邻里关系所产生的熟悉感让它们避免了研究者所说的"角色错误"。因为它们生活在一起，经历过冲突，而且是反复发生的冲突，在这些邻里互动中，每一个同伴都逐渐与彼此建立起关系，在这种关系中，每个个体都知道对方是谁，它可能想要什么，它的行为方式，它拥有什么——但我们是否还应该谈论"冲突"，还是应该选择一个不同的术语，比如，"完全为了场面壮观的令人印象深刻的试探"？一旦这些关系建立起来，鸟类就知道了各自所扮演的角色，不再需要为了确定自己应该如何行动以及其他鸟类可能如何表现而相互试探。[158] 这样一来，领域可能确实对应了斯特鲁姆所说的层级结构，她将其描述为一种能够预测互动行为的结构。此外，我们还注意到，如果鸟类在上一个季节已经彼此熟悉了，那么"亲敌效应"在季节之初就会迅速出现，就像每年也会有许多鸟类回到同一个地方一样。鸟类会记得彼此，哪怕在边界问题上有分歧，短暂的争执也就足以重新确定边界了。邻居们能够辨认出彼此：如果给一只鸟儿播放邻居歌声的录音，它不会有太大反应。除非，录音是

165

在另一个地方播放的，例如，在边界另一边的领域上：在这种情况下，这只鸟儿会把它的邻居当作陌生人。根据鸟类学家的说法，最合理的假设之一是，鸟类确实能辨认出歌声，并且知道这歌声属于哪一只鸟儿。但后者已经去了另一个领域，因此它的动机不同，角色和关系也不再相同。

还有一个非常相似但可以用来解释"亲敌效应"的假设：如果邻居越过边界，居住在这里的鸟类可能会认为发生了某种争端，目标可能是雌鸟或食物——因为邻居已经拥有了一块领域，没必要再争夺另一块了。因此，争夺的东西相对来说没有那么重要。但这种"亲敌效应"并不是一成不变的。首先，它需要一定的时间来建立。雄性云雀每年都会回到同一个地方，但在无领域期间，这种熟悉性所产生的影响无疑会被抹去，它们需要重新结识前一年的邻居。"亲敌效应"在某些时候也会消失，特别是在第一次繁殖期结束时。因为在这个时候，雌鸟又开始接受交配行为，并准备好了要投入婚外关系。在这种情况下，"亲爱的敌人"变成了"不可信赖的熟人"。[159] 还有在第一窝雏鸟首次尝试飞行时，它们会不断越过边界，造成一定程度的混乱与骚动——这或许也是重新激活领域化的机会。毕竟，没有什么比领域更动荡不安了。

到目前为止，我很少提到不同物种之间的关系。的确，领域行为有时也会指向其他相近的物种，尽管它们的领域经常重叠，就好像属于不同的领域世界一样。但有时也会有交流、"捕获"和纠缠，这比表面上相对无关紧要的简单并列要复杂得多。

虽然我们早就认识到了多物种群体中的领域行为，但关注点似乎主要局限于生活在非常特定的生态条件下的物种，尤其是在南美洲森林中发现的那些物种。[160] 例如，在秘鲁东南部的亚马逊盆地的森林中，有一群食虫鸟类，其中有十几个不同的物种，分别属于不同的科。相较于邻近的集群，这片领域是共享的，由集体共同捍卫，尽管捍卫的方式相对不具攻击性，唱歌是主要的互动方式。我们观察到，这些群体很稳定，某些物种，特别是某些种类的蚁鹛（jú），会成为群体的核心：蓝灰蚁鹛为早晨的聚会吹响集结号——这些鸟儿在领域内的不同地方休息——并指挥群体的行动，当它们不在的时候，灰喉蚁鹛就会接替它们的工作。在与另一个群体发生边界冲突的罕见情况下，可以观察到，群体中的每个成员只与另一个群体中的同类交流——如果同类不在场，鸟儿就不再对冲突感兴趣了。这些多物种群体的惊人组织表明，这是长期共同进化的产物。并不是所有的物种都会加入群体，只有在获取食物的技术相似的情况下群体才能发挥作用，因为群体有特定的觅食方式，每个个体必须以与其他个体的节奏和路径相一致的方式行动。这表明，这些群体是由拥有相同生活方式、相同资源和相同栖息地的生态竞争对手有选择地组成的。理论上来说，竞争应该是很激烈的。但事实并非如此。研究人员观察到，鸟类世界存在减少种间竞争的措施，即每个物种都采用了不同的方式来捕食昆虫：猎物的大小不同，追踪猎物的技术不同，所搜寻猎物所处的高度也不同，有些接近地面，在树叶下或树枝下，有些则更高……在许多热带森林中我们也观察到了类似的情况，各个物种——主要是蚁鸥——扮演着重要的向导角色，负责晨间聚集、呼叫联络、发出警报，有时甚至在有偷窃、寄生行为的鸟类试图干预和利用它们的力量窃取食物时发出虚假警报。在鸟类相对容易被看到的地方，在几乎没有藏身之处的地方，在觅食方式让鸟类几乎来不及发现危险的地方，警惕捕食者似乎是这些同居关系和巧妙组织的一个关键方面。这一假设使我想到，这些鸟类共同创造了特定的关注模式：它们学会了关注那些最擅长关注的鸟类。

　　长期以来，人们一直认为，这些生态环境的罕见性可以解释为什么我们很少在其他地方发现这种现象。当然，不同物种的鸟类确实可以在一起"做事"，但这并不涉及领域问题。例如，巨嘴织雀集体在树上筑巢，但这棵树上还住着其他鸟类，尤其是卷尾鸟。卷尾鸟无疑起到了一种保护作用，我们观察到，在面对捕食者时，巨嘴织雀采取了与卷尾鸟相同的行为。[161] 美国鸟类学家贝恩德·海因里希（Bernd Heinrich）指出，许多不同物种的鸟儿都加入了山雀的冬季飞行，尤其是金冠戴菊、红胸鸸和绒啄木鸟。他还观察到，绒啄木鸟一般不会聚集在一起，除非有山雀在场。山雀通常数量众多，叫声嘈杂，也是雀形目中最显眼的。这使得它们成为最明显的目标。海因里希表示，当他想要观察金冠戴菊时，总是很难找到它们：它们数量很少且非常谨慎，在森林里很少看见它们。因此，这位研究者就依靠山雀和它们的作伴天赋，通过寻找山雀来找到金冠戴菊——从而扩大了以山雀为代表的多物种网络，现在这个网络中又加入了一位人类科学家。这位科学家由此提出了一个假设，即金冠戴菊可能使用了同样的混合关联策略：通过与山雀待在一起来找到彼此。在缅因州森林特别寒冷的冬天，金冠戴菊们必须紧紧地待在一起，哪怕只是为了一起过夜。[162]"在黄昏时分，能否让自己的身体保持温暖可不能靠运气；在某些寒冷的夜晚，尤其是当白天没有找到足够的食物时，每个群体失去一个或更多的成员都可能导致其余鸟儿被冻死。"鸟儿躲在其他同类歌唱的领域上，以确保在某个时刻，它们能被其他同类找到，这个想法当然非常好。它还赋予了"公共交通"一词以另一种含义。

但一个欢迎其他物种歌唱的领域并不完全等同于一个集体领域。在提到伯尼·克劳斯录制的音频时，我们已经指出，许多动物显然都很在意声场的分区，并且很少有关于我称之为"表达性宇宙政治学"的研究，研究人员更多关注的是同一物种内部的关系。这种选择可能与这样一个事实有关：对不同物种之间关系的研究一直局限在生态学的范围内，而在相互依存方面，我们只关注费希尔所说的"维持活动"，例如，进食和保护自己免受捕食者的侵害。不同物种的动物在领域内的集体展示，也通常被认为主要是为了互相竞争，甚至比物种内部的竞争还要激烈。从这个角度来看，如果不同物种的领域性鸟类在同一个地方唱歌是在互相竞争，那么我们应该会看到，每只鸟儿都会尽最大努力来填补可用的声音空间，甚至达到干扰或盖过其他鸟类歌声的程度——这个过程被称为"信号屏蔽"或"信号覆盖"。这种情况确实经常发生。如果一只鸟儿在另一只鸟儿唱完之前就开始唱歌，那么这一般会被鸟类视作敌对的表现，通常会引发冲突。因此，我在这里再次引用研究人员提出的假设，当一对有领域的鸟儿联合起来时，音乐合作将被以二重唱的形式保留下来，以保卫食物资源，展示特定个体的才能，并维持伴侣之间的联系。此外，我们知道歌声配合是需要练习的，科学家提出了这样一种假设，即演奏的质量既反映了鸟儿双方的才能，又反映了它们夫妻承诺的可靠性以及它们共同度过的时间。不过近年来，人们不仅可以记录和分析鸟类夫妇的合唱，还可以记录和分析由同一物种的几个个体组成的热带领域性鸟类集群的合唱。据观察员说，这种合唱有助于增强群体的凝聚力，有助于共同捍卫领域，也可能表明了群体成员的承诺的可靠性。领域性鸟类的集体合唱可能确实存在，但这种现象被认为仅仅局限于同一物种的鸟类群体。事实显然并非如此。

意大利生物声学家拉凯莱·玛尔维萨（Rachele Malavasi）和声音生态学专家阿尔莫·法里纳（Almo Farina）从意大利拉齐奥大区的森林回来时，给所有对表达性宇宙政治学感兴趣的人们带来了一个令人欣喜的消息：种间合唱确实存在。这些研究人员的工作基于两个假设。[163] 第一个假设是，"亲敌效应"可能也存在于领域性邻居所组成的种间群体中。如果这一假设是正确的，那么它将支持第二种相对较新的假设，即欧洲鸟类的季节性种间群落并不像长期以来人们所认为的那样是由匿名个体组成的。根据这种长期占上风的观点，即这些种群是由"匿名个体"组成的，那么任何形式的合作几乎都是不可能的。因此，两位研究人员在拉齐奥大区的一片森林中选定了一个地点展开调查，在这个地方，他们似乎能够在一天中的特定时间听到不同种类的鸟儿的合唱。有十几个物种已经被记录下来了——歌鸲、苍头燕雀、火冠戴菊、短趾旋木雀、鹪鹩、欧亚大山雀、啄木鸟和其他雀形目鸟类——其中有 7 种在所有录音中都有出现。但这些组成了合唱吗？如果是这样的话，通过分析声波图，我们就有可能识别出协作合唱的一个特征：鸟类会避免噪声干扰，但允许彼此的歌声重叠。这些合唱——如果能证明确实是合唱的话——将成为不同物种之间邻里关系的表达，并以类似的方式演变，或者通过响应类似于鸟类夫妇之间协调二重唱的功能来演变。

研究人员选择在领域已经建立好的时候，在"亲敌"可能产生的影响已经确定的时候，进行录音。鸟类的歌声在黎明和黄昏时最为丰富。它们选择黄昏是因为这段时间或许可以为它们提供最有利的条件。事实上，根据文献记载，黎明可能是鸟类有更多个体理由进行唱歌的时刻，而且这时唱歌更多是为了竞争。两位科学家选择分析每段录音中最丰富的 8 分钟样本，很大程度上是因为这段时间是参与合唱的鸟儿种类最多的时候。他们发现，鸟类不会避免歌声的重叠——尽管它们可以选择这样做——并且会在其他鸟类唱歌的时候同时唱歌。但鸟儿还是会努力让自己的歌声尽可能少地与其他鸟类的声谱重叠。当重叠的歌声占据了相同的频率范围时，我们发现，鸟类会将发声时间调整到不同的范围。因此，这里既没有不和谐的声音，也没有间歇性的休止，而是由接力和重复组成的乐谱。所以，这些合唱是鸟类之间真正协调的证据，证明了它们之间存在着强烈的联系。事实上，它们之所以成功地在不造成声音干扰的情况下协调重叠的歌声，是因为每个个体都感受过群体中其他个体的歌声，并了解它们的声谱结构。

受到诚实信号理论的启发，研究者建议应该将这些合唱表演视为合唱成员对自己各方面素质的积极展示，它们是展示给"偷听者"的，无论偷听的是可能的竞争对手还是潜在的伴侣：它们不仅身体状况良好，而且它们的才华意味着它们有足够的时间和精力来学习，并且能够一起练习。事实上，鸟类并不刻意避免歌声的重叠，但只有在所谓的其他鸟类的不应期①，也就是其他鸟类沉默的时候——"现在轮到我了"——才会唱歌，表明这是鸟类主动组织的协调。但有一个例外：欧亚鸲遵循的是"声音分离"规则，要等其他鸟儿唱完之后自己才开始唱歌。但是，根据两位研究人员的说法，这也是意料之中的，因为欧亚鸲是独居动物，具有非常明显的领域行为。我已经暗示过，关于欧亚鸲喜欢独处的假设最终会在长时间的沉寂后重新浮出水面，我认为我们在这里就可以看到这种情况的发生。与此同时，欧亚鸲的态度也让人更加确信，鸟儿完全可以选择趁着其他同类唱完歌后的沉默间隙来唱歌，因为这显然是一个可能的选项。因此，有控制的时间上的交叠并不是因为缺乏沉默

① 不应期，生物对某一刺激发生反应后，在一定时间内，即使再给予刺激，也不会发生反应。

间隙，反而证明了这是复调作曲模式下的真正乐谱。

这些合唱歌曲将会被赋予我们在其他语境中已经提到过的功能。例如，它们的作用可能是向潜在入侵者暗示群体的稳定性。它们可以向雌鸟表明这些雄鸟有能力建立合作关系，并能长期守住自己的领域。它们也可能在社交互动中发挥作用，并有助于建立社会网络。研究人员坚持认为，这些假设互相之间并不冲突。在表达性宇宙政治学的背景下，不可避免的是，会有许多配置必须被撤销和重组，会发生许多其他的解域和再结域，会有其他的乐谱被演奏，会有其他的组合被设想。显而易见，涉及的所有种类的鸟儿都有自己唱歌以及与同类一起唱歌的原因，毫无疑问，这些原因在每种情况下也未必相同。这里显然也还有其他因素在起作用：品味、美感、兴奋、激动，激活的力量、勇气、骄傲，以及热情、对形式的尊重、奇妙的协调一致或一天结束时的庆祝——我们还活着！正如我的朋友马科斯提醒我的那样，人们不是都说鸟类会热情颂扬这个被创造出来的世界吗？或者，我们应该补充说，它们将世界万物当作了一种恩赐。

这项来自意大利森林的研究打动了我，因为它让我感受到了这种恩赐。因为这两位研究人员感受到了，也让其他人感受到了这些歌曲应该受到赞扬。我之所以受到触动，是因为研究人员成功注意到了关注模式的重要性，学习了如何与这些模式协调，并使它们相互协调。不仅要关注歌曲以及引导和伴随它们的魔力，还要关注让我们感知到这种魔力的实践条件——选择正确的时刻，一天中合适的时间段，选择重要的时间间隔使得重叠能够被理解。两位研究人员想要寻找协调得更多、更好的理论，既要与更丰富和更多样化的现实协调，又要比以前的理论更能与鸟类及其表演协调。他们认识到了领域是由许多不同的力量组成的整体，并且知道如何尊重这些力量。创造一个领域意味着创造关注模式，或者更准确地说，意味着建立新的关注机制。这两位科学家成功学会了如何像鸟类那样相互关注。简而言之，停下来，听，再听：在这里，此时此刻，一些重要的事情正在发生，一些重要的事情正在被创造出来。

这无疑就是唐娜·哈拉维提出的将我们的时代称为"声音世"（Phonocène）的含义所在。这意味着我们不能忘记，如果地球能发出隆隆声和嘎吱声，那么它也能唱歌。我们也不能忘记，这些歌声正在消失，但如果我们不给予关注，它们就会消失得更快。而且，随着它们的消失，在地球上居住的各种不同方式、生命的创造性、各种组合、富有旋律性的乐谱、微妙的占有、生存方式以及重要的事物也将消失。所有构成领域的东西以及所有使领域变得有活力、有节奏、有生命、有爱且被居住的东西，所有这一切都将消失。把我们的时代称为"声音世"，这意味着要学会注意乌鸫的歌声所带来的沉默，意味着生活在有歌声的领域中，但同时承认沉默的重要性。还要承认，如果不加注意，我们可能也会失去的，正是鸟类唱歌的勇气。[164]

✳

## 对　位

> 外面有歌声响起。起初是一些颤音，然后是一段纯净的、精湛的咏叹调，促使夜色退去。
>
> ——卡罗琳·拉马奇（Caroline Lamarche）[165]

现在是二月初。这几天有一只乌鸫经常飞到我家门前的院子里。外墙上藤蔓缠绕，还有几粒果实熬过了冬天，乌鸫就在那里啄食，但我觉得这只是一个借口，最多是一个机会。这只鸟儿已经在心里盘算着其他事情了。它选择了小巷深处的一棵树，就在那里静静地守候了很长一段时间。从我书房的窗户就可以看到它。它观察着，有时抬起小脑袋仰望天空。它不会让我分心，恰恰相反，它能让我把注意力集中在我正在做的事情——写作上。我就这么在它的陪伴下写作。晚上睡前，当我带着我的狗阿尔巴出去最后再散一次步时，我能听到它在小心翼翼地练习唱歌。我看不见它，但我知道它一定就在附近的屋顶上。它平静地唱着，有点漫不经心，就像在练习音阶。四周一片寂静，它的歌声就像黑暗中闪烁的一盏小灯。冬天还没有结束，天气预报说明天有雪。但我知道，过不了多久，乌鸫就会在太阳升起的时候唱歌，我每天早晨都能在歌声中醒来。我已经可以感觉到有一个新的故事正在成形。乌鸫来了。我很高兴，多亏了它的存在，并且在它在场的情况下，我在书写这个故事的最后几行，而且已经开始构思下一个故事了。让我们一起感谢它。

# 后　记

## 关注的诗学

### "放慢脚步：工作正在进行中"

文西安娜·德普雷在倾听乌鸫的歌声，同时也在倾听鸟类学家的思想。

在物理和化学领域，人们常常急于颁布伟大的普遍定律，而在生物领域，人们也倾向于迅速得出结论，认为自然界就是丛林，那里弱肉强食、适者生存，但文西安娜没有随波逐流，她选择一步一个脚印，慢慢推进研究。她观察鸟类学家的观点，就像鸟类学家观察鸟类一样。她向那些坚持不懈进行观察的研究人员发出呼吁，要多犹豫，不要过快做出判断，多花时间慢慢等待就能发现最细微的差异以及最不起眼的独特之处。文西安娜万分谨慎地探索他们理论的迷宫。她一直在寻找、捕捉各种想法：在她写作的过程中，我们可以看到各种想法的出现、演变、消失，有时又再次出现。就好像有一种思想的生态在起作用。任何引起这些科学家注意的东西，也会引起文西安娜的注意：这样的双重注意力，使得事物、生命和思想的微妙多样性得以表达。

在我们这个时代，最有趣的生物学会礼貌地关注最小的细节、最细微的独特之处。差异不再被统计数据抹除，而是能够自由表现出来。我们生活的世界充满了超越规则的例外；生命只有在偏离平衡状态时才能进化。如今，随着具有空前精准度的传感器、新的远距离识别和监测技术的出现，我们能统计分析大量的观察结果，而这些观察结果从前都被归为奇闻轶事。自此，生物学能揭示个体，甚至还能揭示个性、生活史、谱系、复杂的社会关系、学习过程以及经验和文化的传播。

生物学家成为传记作家，而生物学则成为一项文学事业。

## 赞美缓慢

文西安娜邀请的博物学家通过教导我们耐心观察周围的所有生物，为我们打开了一扇扇大门，拓展了我们的想象力，为我们增加了看待问题的视角和丰富世界的机会。生物学是一门缓慢的科学。就这样踮着脚尖，迈着碎步，以免误伤事物和生物，这是一种真正的优雅。

这是一门专注于个体独特性的科学，它轻柔而优雅地展现其他的生活艺术和全新的思维方式，使世界为之着迷。世界因此变得更复杂，当然也更难以把握，却更丰富，更迷人……

但这种关注的诗学也是一个政治问题，因为如果这种生物学确实是一门关于奇妙事物的科学，那么它也是一门关于如何生活的课程。我们可以从中瞥见关于同居、同栖、彼此接近、共享空间和故事而不互相排斥或争斗的全新方式。简而言之，能让我们从新的视角去思考一种与自然界结盟的新形式。

而这一切很有可能始于接受在黎明时分被乌鸫的歌声唤醒……甚至等待它的到来，期待听到它的歌声，对它心存感激……

斯特凡纳·迪朗①

---

① 斯特凡纳·迪朗（Stéphane Durand），生物学家、鸟类学家，自1997年以来，他一直是雅克·贝汉（Jacques Perrin）的电影冒险的合著者和科学顾问。2020年，在主编了"荒野"人与自然系列文丛（Mondes Sauvages）后，他加入了南方书编出版社（Actes Sud），负责科学、自然和社会板块。

# 收集从巢穴中掉落的知识

"一本关于鸟类的书!"那必然是田园诗一般的、风趣幽默的、细腻柔和的、像巢穴一样温暖舒适的。但是,这里却没有丝毫的感情用事:文西安娜·德普雷的这本书充满了不同的观点、分歧和无休止的辩论。"所以,"我们可能会说,"我们真的上当了,这不是一本关于鸟类的书,而是关于谈论鸟类的科学家、关于科学争议的书。"但是,不可否认的是,这的确是一本关于鸟类的书,首先是因为这是一本为鸟类而写的书。不是说要为了鸟类而战("我支持鸟类!"——是的,的确如此,但谁又会反对鸟类呢?),而是说要送给鸟类,就像我们在送人礼物时那样,我们会说"这是给你的"。然而,鸟类并不会阅读。

在阅读完手稿的几天后,我突然意识到,这确实是一份送给鸟类的礼物。我当时正在太阳下看小说,听到一只鸟儿在唱歌。我感到很高兴,因为我一听就知道这是叽咋柳莺。然而,有一件事让我很恼火,那就是我只知道它的物种名称,别的什么都不知道,这很可笑,对它来说甚至是一种侮辱。

但与此同时,我又有了一种新的感觉:这歌声中蕴含着无数我无法理解的意义与功能,就像羊皮纸上被多次刮去又重写的象形文字。正是通过阅读《像鸟儿一样居住》，我才清楚地意识到了这些多重的、不分等级的意义的存在：我所听到的只是鸟类的歌声，但那些有才智的人们却充分利用他们最优秀的智力资源来捕捉这歌声的意义；他们提出了一个又一个假设，他们争论不休，却也没能最终下定论。柳莺的三个音符就引起了鸟类学家数百页的争论、分歧、大胆的假设。只是三个简单的音符，我们汇集了全人类的才智却也没能将其研究透彻，没能给出最终结论。

在哲学研究和写作中，我常常试图重新描述生物，借助它们丰富的进化史、它们生活的重要方面、它们相互交织的故事、它们的自由组合，让人们注意到它们的财富。这意味着用它们在无休止的进化过程中产生的声音来丰富生物，这种进化将一种无限的、多方面的、能够对当下作出反应的历史性沉淀在了生物体内，让生物能够创造自己的生活。我试图通过这种方式归还生物的本体论的尊严——这是我能感受到却无法完全理解的不可缩减的庄严。在这本书中，文西安娜·德普雷创造了一条不同的道路，通过对比，我们能更好地理解这条道路：这条路也通往同一个山顶，只不过是从另一边上去的。因为在谈到每一种生物行为时，她都会插入另一个无止境的版本，这个版本是关于人类永不停歇的辩论、关于无尽的阐释学、关于伟大思想之间的分歧的；在这样做的过程中，她成功地丰富了自己的主题，以一种比任何传统的生态学或进化论的论点都更为有力的方式对这一主题进行了修改。

为了做到这一点，文西安娜·德普雷谨慎地改变了在这门学科中审查不同观点的方式。事实上，并不是所有的理论在科学史上都有相同的地位。在传统的自然科学中，我们认为，对固有理论的解释往往会以一种特定的方式呈现出来：每一个新的理论都会掩盖之前的理论。这是以图形演绎的方式进行的，最新的理论总是会导致之前的理论被废除。例如，当达尔文的进化论出现时，拉马克（Jean-Baptiste Lamarck）、布封（Georges-Louis Leclerc, Comte de Buffon）和林奈（Carl von Linné）等人关于物种起源的理论就都被废除了。但另一方面，我们也知道，当我们分析一件艺术作品或一部小说时，这些解释的性质是完全不同的：它们相互结合、相互交织、相互丰富。最新的解释会将之前的解释重新组合、限定条件并重新配置，但它们都是同一结构的一部分。从某些方面来说，社会科学领域正在进行的过程是介于前面两种情况之间的：当一个关于法国大革命的起源或西班牙黄金时代的终结的新思想出现时，某些论点会被驳回，但在大多数情况下，新思想会重组旧思想，然后将所有思想逐个连接起来，整合到一个统一的思想大厦之中。正是在这个中间地带，即历史科学中的"非波普尔空间"

（espace non poppérien）[166]，文西安娜·德普雷通过自己的工作不动声色地、毫不张扬地为动物行为科学建立了一个新的家园：我们没有放弃评估各种假设，并剔除最不可信和最无趣的假设，但允许其他假设相互连接，有时甚至层层交叠，最新的假设也没有导致已经存在的假设被废除。

在这样做的过程中，文西安娜·德普雷并不是要创造关于鸟类的新知识，而是要改变这些知识的认识论地位：这些知识从前一直被牢牢地束缚在无情的解释帝国中，受到主流自然科学典型的竞争和减法逻辑支配，文西安娜将其重新定位，并纳入以合作和整合为特征的丰富多彩的世界性阐释市场。

她用阐释学的方法代替了解释的方法。这就是这本小书的一个不同寻常之处，文西安娜并不想要解释，她想做的是阐明，她将鸟类学家尝试进行的各种解释汇集到一起，淡化了它们的"科学性"，也就是权威性和排他性，并劫持它们，就像劫持飞机迫使其转向一样，将它们转化为相互积累和相互完善的阐释，而不会相互抵消。解释通过竞争性排斥来扼杀彼此，而阐释则相互连接，共同玩耍（就像一起玩耍的狼崽一样）。在这里，阐明一个动物行为并不是要找到真正的自然法则、主要原因或终极方程式，而是要奠定一个基础，让人们能围绕所有可能的含义展开持续辩论。传统的科学史往往是死去的思想的坟墓，但文西安娜却让坟墓里开出了花朵。

沿着这条路线，正是通过人类对生物行为意义的持续辩论，生物证明了它们不是由愚蠢、邪恶的物质组成的，事实上它们远远不止于此，它们是一种超物质，具有超出我们理解的力量，但不是超自然的。

因此，这本书不是为了我们人类而写的：它并没有从对科学争议的观察中得出适用于人类世界的经验教训。鸟类不是人类的镜子，这本书的主题也并没有被人类自恋主义的引力固定在"人属"星球上（就像每次人类谈论动物最后都只是为了谈论自己一样）。恰恰相反，在这里，作者利用人类的争论丰富了关于鸟类的叙述：手段与目的的关系被颠倒了。她不再塑造夜莺的正直或乌鸦的狡猾形象来作为讽刺诗，丰富人类的象征体系，而是绑架人类的调查、科学和思维，以丰富非人类的生活。

这就使得我们对鸟类的歌唱、对叽咋柳莺的三个音符有了更深层次的体验。动物不再需要能使用工具，能计算，或者"比想象中更聪明"（这是试图对它们进行重新评估的经典策略），它们本身就已经很有深度，值得我们不断进行探索研究。最刻板的行为，最不成熟的歌声，要解释起来就已经很复杂了，超过了我们的能力范围。就像《塔木德》的注解一样无穷无尽。生物充满了"去首"① 的智慧。

多么精彩的魔术！如果人类需要穷尽自己的智慧才能理解叽咋柳莺歌曲中的三个音符，那么，根据一种荒谬的三段论，我们就可以说，这三个音符所蕴含的智慧已经超过了人类的智慧（这是一种不同意义上的智慧——看似简单却又深不可测的原始奥秘）。

巴蒂斯特·莫里佐

---

① "去首"（Acéphale），来自希腊语 akephalos，是乔治·巴塔耶（Georges Bataille）创建的哲学术语。Acéphale 也是巴塔耶主持的一个期刊和他创建的一个秘密社团的名称。

# 致　谢

我还要感谢以下人士：

亚历山德拉·埃尔巴克彦（Alexandra Elbakyan），多亏了她不知疲倦地分享并为我免费提供了无数科学文章，这项研究才得以进行。

斯特凡纳·迪朗（Stéphane Durand），是他让我有了写这本书的想法，他鼓励、陪伴着我，并非常慷慨地评论、重读了这本书。

巴蒂斯特·莫里佐（Baptiste Morizot），感谢他为这本书提供了标题、动力以及其他许多无价的东西。

马科斯·马泰奥斯·迪亚兹（Marcos Matteos Diaz），感谢他关于旋律性呼吸的言论。

蒂博·德·梅耶（Thibault De Meyer），感谢他与我分享的一切，他的笔记准确把握并突出了重点，感谢他的邮件，还要感谢他如此慷慨地一遍遍重读这本书。

莫德·哈格尔斯坦（Maud Hagelstein），不仅要感谢她仔细阅读了手稿，而且要特别感谢她的热情和支持，这在人们怀疑自己是否写得好的危险时刻是非常宝贵的。

伊莎贝尔·斯唐热（Isabelle Stengers），感谢她从始至终的帮助。

还要感谢所有那些愿意就我的研究展开讨论并经常给出意想不到的阐释的人们：塞尔日·古特维斯（Serge Gutwirth）和他的"公地使用权"（commonings）研究小组；我在列日大学政治学研究小组的同事，特别是弗洛伦斯·卡伊梅克斯（Florence Caeymaex）、爱德华·德鲁伊勒（Édouard Delruelle）、热罗姆·弗拉斯（Jérôme Flas）、安托瓦内·让维耶（Antoine Janvier）和费哈特·塔伊兰（Ferhat Taylan）；来自"无名：吾名"（Call It Anything）团体的索菲·霍达特（Sophie Houdart）、马克·布瓦塞纳德（Marc Boissenade）、伊丽莎白·克拉弗里（Élisabeth Claverie）、帕特里夏·法尔吉埃尔（Patricia Falguières）、伊丽莎白·勒博维奇（Élisabeth Lebovici）；还有托马斯·萨拉切诺（Tomas Saraceno）、阿莉·比斯肖普（Ally Bisshop）和菲利帕·拉莫斯（Filipa Ramos）。

波利娜·巴斯坦（Pauline Bastin），感谢她的诱鸟笛，洛朗·雅各布（Laurent Jacob），是他让我想起了鸟类失踪的问题，感谢他们对我的款待，感谢他们的在场。

劳伦斯·布基奥（Laurence Bouquiaux）和朱利安·皮龙（Julien Pieron），感谢他们的关心和友谊。

罗杰·德勒科姆（Roger Delcommune）、克里斯托夫（Christophe）、席琳·卡龙（Céline Caron）、塞缪尔·勒梅尔（Samuel Lemaire）、辛迪·科莱特（Cindy Colette）、洛拉·德鲁弗尔（Lola Delœuvre），感谢他们在我工作期间尽力让我和我的狗阿尔巴生活得更加舒适。

感谢我的家人，让·玛丽·勒梅尔（Jean Marie Lemaire）、儒勒-文森（Jules-Vincent）、莎拉（Sarah）、埃利奥特·布奥诺-勒梅尔（Elioth Buono-Lemaire）、塞缪尔（Samuel）、辛迪（Cindy），感谢他们支持我，同时也提醒我，生活不是只有写作。

最后还要感谢阿尔巴，感谢它的无限耐心。

# 注　释

## 一级和弦

### 对　位

1 埃蒂安·苏里奥（Étienne Souriau）：《动物的艺术感》（*Le Sens artistique des animaux*），阿歇特出版公司（Hachette），1965 年，第 92 页。

2 同前，第 34 页。

3 此外，伯纳德·福特（Bernard Fort）后来也给他的唱片《鸟类的镜子》（*Le Miroir des oiseaux*）［里昂现场乐队（GMVL），由叽咋柳莺发行］之中一首围绕云雀之歌创作的电声作品取名为"激昂"（Exaltation）。

4 唐娜·哈拉维（Donna Haraway）：《同伴物种宣言》（*Manifeste des espèces compagnes*），弗拉马利翁出版社（Flammarion），2019 年。

5 巴蒂斯特·莫里佐（Baptiste Morizot）明确邀请我们加入的正是一个类似的计划，他认为追踪是一种艺术，是一种关注文化，能够重现我们与人类以外的其他生命共存的方式。《踏着野兽的足迹》（*Sur la piste animale*），南方书编出版社

（Actes Sud），"荒野"文丛（Mondes sauvages），2018 年。

6  爱德华多·维韦罗斯·德·卡斯特罗（Eduardo Viveiros de
   Castro）：《食人形而上学：后结构人类学概述》（*Métaphysi-
   ques cannibales, Lignes d'anthropologie post-structurale*），法国
   大学出版社（PUF），2009 年，第 169 页。

7  迪迪埃·德拜兹（Didier Debaise）：《可能性的诱惑——再谈
   怀特海》（*L'Appât des possibles. Reprise de Whitehead*），真实
   出版社（Les Presses du réel），2015 年。贯穿他作品的思辨问
   题，即"充分重视自然界存在方式的多样性"，是基于对怀
   特海影响深远的"自然的两橛化"（bifurcation de la nature）
   的判断，这一判断的影响尤其体现在对自然界中多元存在形
   式的否定。"自然的两橛化"指的是一种理解模式，决定了
   我们对世界的近代体会。在这种模式中，我们的体会只揭示
   了显现的东西，而认识过程中需要知道的相关要素总是隐藏
   的，要在别处才能找到。因此，自然被分为截然不同的
   两片。

8  正是在路易·布努尔（Louis Bounoure）的著作中，我们常常
   可以找到"宇宙因素"（facteurs cosmiques）这一表达，主要
   指的是光照周期的延长和温度的变化。《性本能——动物心理
   学研究》（*L'Instinct sexuel. Étude de psychologie animale*），
   法国大学出版社（PUF），1956 年。

# 第一章　领域

9  例如，恩斯特·迈尔（Ernst Mayr）在"伯纳德·阿尔图姆
   与领域理论"（Bernard Altum and the territory theory）一文中
   提出的假设，《新南威尔士州林奈学会会刊》（*Proc. Linnean
   Soc.*），1935 年第 45—46 卷，第 24—30 页。

10 这里参考的是玛格丽特·摩士·尼斯（Margaret Morse Nice）："领域在鸟类生活中的作用"（The role of territory in bird life），《美国中部博物学家》（*The American Midland Naturalist*），1941 年 3 月第 26 卷，第 441—487 页；以及戴维·赖克（David Lack）："关于鸟类生活中领域问题的早期论述"（Early references to territory in bird life），《秃鹰》（*Condor*），1944 年第 46 卷，第 108—111 页。

11 蒂姆·伯克海德（Tim Birkhead），索菲·凡·巴伦（Sophie Van Balen）："鸟类饲养与鸟类学的发展"（Bird‑keeping and the development of ornithological science），《自然历史档案》（*Archives of Natural History*），2008 年 2 月第 35 卷，第 281—305 页，第 286 页。既然我们谈到了抄袭的问题，我想补充的是，这两位作者的工作旨在揭露鸟类学家的典型健忘症，即他们总是随意挪用鸟类业余爱好者所掌握的知识，但这两位作者自己也在无意中广泛使用了这些知识。

12 参见德科拉（Descola）2016 年 3 月 2 日在法兰西公学院发表的演讲。关于这一方面也可参考萨拉·瓦尼克桑（Sarah Vanuxem）：《土地所有权》（*La Propriété de la terre*），荒野计划出版社（Wild-project），2018 年。

13 正如菲利普·德科拉提醒我们的，对法学家格劳秀斯（1583—1645）来说，个人和集体占有之所以成为可能，是因为在虚构的前社会时期应该存在一种原始的权利，他称之为"自然状态"。这种"自然"权利保证了每个人都能自由地获得一切："每个人都可以拿走他们想要的东西，其他任何人不得随意抢夺。"

14 在这个问题上，请特别参考萨拉·瓦尼克桑的研究，她在法律史中寻求改变现代所有制概念的可能性。另外，为了重新丰富想象力和思考再次占用"公有地"的可能性，请参见塞尔日·古特维斯（Serge Gutwirth）和伊莎贝尔·斯唐热（Isabelle Stengers）的一篇非常好的文章："面临公有地复兴之考验的法律"（Le droit à l'épreuve de la résurgence des commons），《环境法学期刊》（*Revue juridique de l'environnement*），2016 年 2 月第 41 卷，第 306—343 页。

15 转引自塞尔日·古特维斯，伊莎贝尔·斯唐热：同前，第 312 页。

16 埃尔泽尔·布雷兹（Elzéar Blaze）："私人生活的习俗与惯例：狩猎、犬猎、猎鹰、捕鸟"（Mœurs et usages de la vie privée: chasse, vénerie, fauconnerie, oisellerie），选自保罗·拉克鲁瓦（Paul Lacroix），费迪南德·塞雷（Ferdinand Seré）（发行人）：《中世纪与文艺复兴时期欧洲风俗习惯、工商业、科学、艺术、文学与美术历史》（*Le Moyen Âge et la Renaissance. Histoire et description des mœurs et usages, du commerce et de l'industrie, des sciences, des arts, des littératures et des beaux—arts en Europe*），巴黎行政出版社（éditions Paris Administration），1848 年，第 I—XIX 页。需要注意的是，作者明确指出，早在 15 世纪，捕鸟就是一项受规例规管的职业，且有一些特权（尤其是无需租户的许可就可以在巴黎的商店里悬挂鸟笼，捕鸟专家还享有捕猎和售卖鸟类的专属权）。

17 亨利·艾略特·霍华德（Henry Eliot Howard）：《鸟类生活中的领域》（*Territory in Bird Life*），哈珀柯林斯出版社（Collins），1948（1920）年，第 16 页。

18 康拉德·洛伦茨（Konrad Lorenz）：《论攻击——罪恶的自然史》（*L'Agression. Une histoire naturelle du mal*），威尔玛·弗里奇（Vilma Fritsch）译，弗拉马利翁出版社（Flam-

193

marion），1963 年，第 44—45 页。

19 我故意不在文章中提到罗伯特·阿德里（Robert Ardrey）的
著作《领域法则》（*L'Impératif territorial*），在这本书中，
作者从动物世界寻找财产和国家的起源（内容不外如是）。
作者打着劝说我们学会谦卑的幌子（要接受我们的祖先是
动物，接受自己的本能，一切都会好起来的），让读者遭受
了我们社会组织中最保守、最具父权制色彩的自然法则。
为了不浪费时间，我们只需和他重复一下恩格斯在 19 世纪
末对社会进化论者提出的批评——这不过是些"骗人的把
戏"：我们把我们的思想观念、风俗习惯和社会阶层移植到
自然界，然后再把它们应用于社会，这些社会阶层、组织
机构或风俗习惯就成了自然规律。

20 玛格丽特·摩士·尼斯："领域在鸟类生活中的作用"，同
前，第 470 页。

21 伊莎贝尔·斯唐热：《开化现代性？怀特海与对常识的反
思》（*Civiliser la modernité? Whitehead et les ruminations du
sens commun*），真实出版社（Les Presses du réel），"德拉马"
文丛（Drama），第 135—138 页。

22 米歇尔·塞尔（Michel Serres）：《私有的恶：污染是为了占
有？》（*Le Mal propre. Polluer pour s'approprier?*），苹果树
出版社（Le Pommier），2008 年。

23 米歇尔·塞尔：《自然契约论》（*Le Contrat naturel*），弗拉马
利翁 出 版 社 （Flammarion），"田 野" 文 丛 （Champs），
1990 年。

24 米歇尔·塞尔：《达尔文、波拿巴和撒马利亚人：一种历史
哲学》（*Darwin, Bonaparte et le Samaritain. Une philosophie
de l'histoire*），苹果树出版社（Le Pommier），2016 年，第

16 页，以下引文同。

25 米歇尔·塞尔：《私有的恶》，同前，第 5 页。

26 同前，第 7 页。

27 同前，第 11 页。

28 同前，第 7 页。

29 同前，第 15 页。

30 详见《私有的恶》，同前，第 43 页。

31 让-克里斯托夫·拜伊（Jean‐Christophe Bailly）：《动物的立场》（*Le Parti pris des animaux*），克里斯蒂安·布尔乔亚出版社（Christian Bourgois），2013 年。

32 卢卡·吉吉丽（Luca Giuggioli），乔纳森·R. 波茨（Jonathan R. Potts），丹尼尔·I. 鲁本斯坦（Daniel I. Rubenstein），西蒙·A. 莱文（Simon A. Levin）："共识主动性、集体行为与动物社会间隔"（Stigmergy, collective actions, and animal social spacing），《美国国家科学院院刊》（*PNAS*），2013 年 10 月第 42 卷，第 16904—16909 页。

33 瓦莱里乌斯·盖斯特（Valerius Geist）："论雪羊的发情行为"（On the rutting behavior of the Mountain Goat），《哺乳动物学杂志》（*Journal of Mammalogy*），1965 年 4 月第 45 卷，第 562 页；海尼·赫迪格（Heini Hediger）：《被囚禁的野生动物》（*Wild Animals in Captivity*），巴特沃思出版公司（Butter-worths），1950 年。

34 罗伯特·A. 海因德（Robert A. Hinde）："鸟类领域的生物学意义"（The biological significance of the territories of birds），《朱鹮》（*Ibis*），1956 年第 98 卷，第 340—369 页，第 342 页。

35 我要感谢巴蒂斯特·莫里佐，他是一个慷慨而细心的审稿人，是他让我注意到了这一点。

## 对　位

36 帕特里克·布舍龙（Patrick Boucheron）在法兰西公学院的就职演讲，2015 年 12 月 17 日，星期四，books. openedition. org/cdf/4507。

37 齐格蒙特·鲍曼（Zygmunt Bauman）：《伦理学在消费世界中还有机会吗？》（*L'éthique a-t-elle une chance dans un monde de consommateurs?*），弗拉马利翁出版社（Flammarion），2009 年。

38 同前，第 10 页。

39 同前，第 12 页。

40 同前。

41 理查德·琼斯（Richard Jones）："昆虫为何在社交中如此兴奋"（Why insects get such a buzz out of socialising），《卫报》（*The Guardian*），2007 年 1 月 25 日。

42 塞里安·萨姆纳（Seirian Sumner），埃里克·卢卡斯（Eric Lucas），杰西·巴克（Jessie Barker），尼克·艾萨克（Nick Isaac）："无线电标记技术揭示了一种完全社会性昆虫的极端换巢行为"（Radio-tagging technology reveals extreme nest-drifting behavior in a Eusocial Insect），《当代生物学》（*Current Biology*），2007 年 1 月 23 日，第 17（2）卷，第 140—145 页。

43 齐格蒙特·鲍曼，同前，第 16 页。

44 还应该注意的是，负责这一发现的研究人员还提到了另一项始于 1991 年并发表于 1998 年的研究，该研究在蜜蜂身上实验了这一可能性。[K. J. 法伊弗（K. J. Pfeiffer），K. 克赖尔斯海姆（K. Crailsheim）："蜜蜂的漂泊"（Drifting in honey-bees），《社会性昆虫》（*Insectes Soc.*），1998 年 2 月第 45 卷，第 151—167 页。] 虽然最普遍接受的假设是，这是社会寄生的结果，但这篇文章指出，蜜蜂经常从一个蜂巢迁到另一个蜂巢，这是出了名的。两位作者对寄生的观点提出了质疑，他们经过观察并没有发现有企图偷窃的蜜蜂，而且他们还注意到，守卫蜂箱的蜜蜂在检查一番后会允许其他蜂箱的蜜蜂自由进入，但拒绝任何有偷窃意图的蜜蜂进入。

45 这些信息可以在克里斯蒂娜·凡·阿克（Christine Van Acker）的精彩著作《野兽是个好背锅侠》（*La bête a bon dos*）中找到，科尔蒂出版社（Éditions Corti），"亲生命性"文丛（Biophilia），2018 年，第 75 页。

46 转引自玛格丽特·尼斯：同前，第 452 页。

47 这些信息可以在斯蒂芬·I. 罗斯坦（Stephen I. Rothstein）为芭芭拉·布朗夏尔写的悼词中找到："纪念：芭芭拉·布朗夏尔·德沃尔夫，1912—2008"（In memoriam: Barbara Blanchard Dewolfe, 1912—2008），《海雀》（*The Auk*），2010 年 1 月 1 日，第 127 卷，第 235—237 页。

## 第二章 影响的力量

48 约翰·迈克尔·杜瓦（John Michael Dewar）："蛎鹬与其自然环境的关系"（The relation of the oyster‑catcher to its natural environment），《动物学家》（*Zoologist*），1915 年第 19 卷，第 281—291 页，第 340—346 页。

49 这些信息在前文引用过的玛格丽特·尼斯的文章中可以找到。

50 罗伯特·A. 海因德："鸟类领域的生物学意义"，同前。

51 克莉丝汀·R. 马赫（Christine R. Maher），戴尔·F. 洛特（Dale F. Lott）："脊椎动物领域性的生态学决定因素综述"（A review of ecological determinants of territoriality within vertebrate species），《美国中部博物学家》（*The American Midland Naturalist*），2000 年，第 143（1）卷，第 1—29 页。

52 查尔斯·B. 莫法特（Charles B. Moffat）："鸟类的春季较量"（The spring rivalry of birds），《爱尔兰博物学家杂志》（*The Irish Naturalists' Journal*），1903 年，第 12 卷，第 152—166 页。

53 转引自玛格丽特·尼斯：同前，第 445 页。

54 埃蒂安·苏里奥：同前，第 32 页。

55 同前，第 102 页。

56 同前，第 62 页。

57 转引自吉尔·德勒兹（Gilles Deleuze），费利克斯·加塔利（Félix Guattari）：《资本主义与精神分裂（卷 2）：千高原》（1837 年：迭奏曲）［*Mille plateaux*（"*1837. De la ritournelle*"）］，午夜出版社（Minuit），1980 年，第 55 页。

58 费里斯·贾布尔（Ferris Jabr）在他的文章"美丽是如何让科学家重新思考进化论的"（How beauty is making scientists rethink evolution）中引用了科学家理查德·O. 普鲁姆（Richard O. Prum）的话，《纽约时报》（*The New York Times*），2019 年 1 月 9 日。

59 巴蒂斯特·莫里佐："无法翻译的动物"（Les animaux intraduisibles），《声音世界》（*Mondes sonores*），2019 年 3 月，第 56—66 页，第 61 页。

60 卡塔琳娜·里贝尔（Katharina Riebel），米歇尔·L. 哈尔

(Michelle L. Hall)，内奥米·朗莫尔（Naomi Langmore）：
"雌性鸣禽仍在努力争取被听到"（Female songbirds still
struggling to be heard），《生态学与进化趋势》（*Trends in
Ecology and Evolution*），2005 年 8 月，第 419—420 页。还
可以参考卡塔琳娜·里贝尔（Katharina Riebel）："重新审视
'沉默的'性别：雌性鸣禽的发声方式和感知学习"（The
«mute» sex revisited: vocal production and perception learning in
female songbirds），《行为研究进展》（*Advances in the Study
of Behavior*），2003 年第 33 卷，第 49—86 页。

61 亨利·艾略特·霍华德，《鸟类生活中的领域》：同前，第
131 页。

62 玛格丽特·尼斯：同前，第 461 页。

63 拉里·L. 沃尔夫（Larry L. Wolf），加里·斯泰尔斯（Gary
Stiles）："热带蜂鸟配对合作的演变"（Evolution of pair
cooperation in a tropical hummingbird），《进化》（*Evolution*），
1970 年第 24 卷，第 759—773 页。我们可以将这一假设与
生物学家理查德·道金斯（Richard Dawkins）所谓的延伸的
表现型进行比较，例如，他将鸟巢或蜘蛛网视为生物体的
延伸：《延伸的表现型》（*The Extended Phenotype*），牛津大
学出版社（Oxford University Press），1982 年。

64 杰瑞德·弗纳（Jared Verner）："长嘴沼泽鹪鹩多配制的演
变"（Evolution of polygamy in the long-billed marsh wren），
《进化》（*Evolution*），1964 年第 18 卷，第 252—261 页。

65 瓦尔德尔·克莱德·阿利（Warder Clyde Allee），阿尔弗雷
德·E. 艾默生（Alfred E. Emerson），奥兰多·帕克
（Orlando Park），托马斯·帕克（Thomas Park），卡尔·P.
施密特（Karl P. Schmidt）：《动物生态学原理》（*Principles*

*of Animal Ecology*），桑德斯出版社（Ed. Saunders），1949年，第 6 页。

66 玛格丽特·尼斯：同前，第 468 页。

67 瓦尔德尔·克莱德·阿利等：同前，第 8 页。

68 罗伯特·卡里克（Robert Carrick）："澳洲钟鹊（黑背钟鹊）的领域的生态学意义"（Ecological significance of territory in the Australian Magpie, *Gymnorhina tibicen*），《第 13 届国际鸟类学大会论文集》（*Proc. 13th Intern. Ornith. Congr.*），1963 年，第 740—759 页。

69 朱迪·斯坦普斯（Judy Stamps）："领域行为：检验假设"（Territorial behavior: testing the assumptions），《行为研究进展》（*Advances in the Study of Behavior*），1993 年第 23 卷，第 173—232 页，第 176 页。


## 对　位

70 布鲁诺·拉图尔（Bruno Latour）：《面对盖亚——新气候体制八讲》（*Face à Gaïa. Huit conférences sur le nouveau régime climatique*），发现出版社（La Découverte），"破除成见者"文丛（Les Empêcheurs de penser en rond），2015 年，第 348 页。

71 朱迪·斯坦普斯："领域行为：检验假设"，同前。


## 第三章　种群过剩

72 V. C. 韦恩-爱德华兹（Vero Copner Wynne-Edwards）：《基于群体选择的进化》（*Evolution Through Group Selection*），布莱克威尔科学出版社（Blackwell Scientific Publication），1986 年，第 6 页。

73 查尔斯·莫法特：同前，第 157 页。

74 查尔斯·莫法特：同前，第 153 页，以下引文同。

75 康拉德·洛伦茨：同前。值得注意的是，就在前一年，英国动物学家 V. C. 韦恩—爱德华兹提出了非常类似的假设，并将其运用于群体选择理论。他的作品引起了广泛争议。要想了解对他的理论的分析，可以参考我的第一本书《动物行为学理论的诞生：阿拉伯鸫鹛的舞蹈》（*Naissance d'une théorie éthologique. La danse du cratérope écaillé*），破除成见者出版社（Les Empêcheurs de penser en rond），1996 年。

76 同前，第 40 页。

77 彼得·阿列克谢耶维奇·克鲁泡特金（Pierre Alexandre Kropotkine）：《互助论：进化的一种因素》（*L'Entraide. Un facteur de l'évolution*），六分仪出版社（éditions du Sextant），2010 年。

78 胡伊布·克鲁伊弗（Huyb Kluyver），卢卡斯·丁伯根（Lukas Tinbergen）："山雀的领域性和对多样性的调控"（Territoriality and the regulation of diversity in Titmice），《荷兰动物学档案》（*Arch. Neerl. Zool.*），1953 年第 10 卷，第 265—274 页。

79 瓦尔德尔·克莱德·阿利等：同前，第 11 页。

80 同前，第 399 页，以下引文同。

81 朱迪·斯坦普斯："领域行为：检验假设"，同前。

**对　位**

82 法比安娜·拉福兹（Fabienne Raphoz）：《因为鸟类》（*Parce que l'oiseau*），科尔蒂出版社（Éditions Corti），"亲生命性"文丛（Biophilia），2018 年，第 45 页。

83 转引自戴维·赖克："关于鸟类生活中领域问题的早期论

述",同前,第 110 页。

84 罗伯特・E. 斯图尔特(Robert E. Stewart),约翰・W. 奥德里奇(John W. Aldrich):"云冷杉针阔混交林中繁殖鸟类的清除和再繁殖"(Removal and repopulation of breeding birds in a spruce‐fir forest community),《海雀》(The Auk),1951 年 4 月第 68 卷,第 471—482 页。

85 约书亚・米特尔多夫(Joshua Mitteldorf):《衰老是一种适应群体选择的方式:理论、证据和医学意义》(Aging is a Group Selected Adaptation: Theory, Evidence and Medical Implications),CRC 出版社(CRC Press),泰勒‐弗朗西斯出版集团(Taylor and Franck),2016 年。

86 M. 马克思・汉斯莱(M. Max Hensley),詹姆斯・B. 科普(James B. Cope):"云冷杉针阔混交林中繁殖鸟类的清除和再繁殖的进一步数据"(Further data on removal and repopulation of the breeding birds in a spruce‐fir forest community),《海雀》(The Auk),1951 年 4 月第 68 卷,第 483—493 页。

87 戈登・H. 欧瑞安斯(Gordon H. Orians):"红翅黑鹂(Angelaius)社会系统的生态学研究"[The ecology of blackbird(Angelaius) social systems],《生态学专论》(Ecol. Monogr.),1961 年第 31 卷,第 285—312 页。

88 亚当・沃森(Adam Watson),罗伯特・莫斯(Robert Moss):"当前红松鸡种群动态的模型"(A current model of population dynamics in Red Grouse),《第 15 届国际鸟类学大会论文集》(Proc. 15th Intern. Ornithol. Congr.),1972 年,第 134—149 页。

89 巴蒂斯特・莫里佐:"身在故乡的思乡之情"(Ce mal du pays sans exil),《评论(生活在一个受损的世界)》

［*Critiques*（*Vivre dans un monde abîmé*）］，2019 年 1—2 月第 860—861 期，第 166—181 页。

90 在这一方面可以参考托姆·凡·杜伦（Thom Van Dooren）：《飞行方式——濒临灭绝的生命和损失》（*Flight Ways. Life and Loss at the Edge of Extinction*），哥伦比亚大学出版社（Columbia University Press），2014 年。

91 唐娜·J. 哈拉维在接受《世界报》记者凯瑟琳·文森特（Catherine Vincent）的一次精彩采访时提到了相关的一点，她认为"人类世"（Anthropocène）也可以被称为"种植园世"（Plantationocène）。这个词让我们关注到了工业资本主义之前的历史，这些历史为工业资本主义创造了条件："种植园世在世界范围内建立的是所有这些用于增加和开采资源的技术设备，是连作的种植方式，是对人类和非人类（包括植物）的强制迁移，以期达到生产最大化。"我们这个时代的每一个术语都会将我们的注意力吸引到具体的问题上，并涉及不同的工作。所有这些都很重要，同样重要的是，我们会继续寻找其他事物，它们又会以不同的方式吸引我们。哈拉维还提议将我们的时代命名为"声音世"（Phonocène），声音的时代，我们听到地球声音的时代，将我们与声音的力量联系在一起的时代。参见 2019 年 2 月 2 日的《世界报》增刊。

## 二级和弦
### 对　位
92 吉尔·德勒兹和费利克斯·加塔利：同前，第 386 页。

93 马科斯·马泰奥斯·迪亚兹一直是我的调查伙伴之一，我的每项研究都有他提供的评论和建议。

94 吉尔·德勒兹和费利克斯·加塔利：同前，第 294 页。

95 唐娜·J. 哈拉维：《当物种相遇》（*When Species Meet*），明尼苏达大学出版社（University of Minnesota Press），2007 年。

96 我再怎么感谢伊莎贝尔·斯唐热都不为过，多亏了她坚持不懈地让我继续阅读这本书，明知道这样会引起我的负面情绪她还是不肯放弃，这也让她的这份坚持显得更加难能可贵。

97 在我看来，阅读《千高原》有时是如此困难——因为我试图在受控制的体制下阅读它，也就是说在学术理解的体制下——所以我经常提到它的英文翻译：译者〔在这里是布莱恩·马苏米（Brian Massumi），我信任他〕不得不做出选择，他的选择从某种程度上表明了他的理解，他已经选择了一些解释。翻译至少让我减轻了一些责任。

98 这方面可以参考吉尔·德勒兹，克莱尔·帕尔内（Claire Parnet）：《对话》（*Dialogues*），弗拉马利翁出版社（Flammarion），"田野"文丛（Champs），1997 年。

99 吉尔·德勒兹，费利克斯·加塔利：同前，第 19 页。

100 同前，第 386 页。

101 同前。

102 同前，第 390 页。

103 同前，第 398 页。

104 吉尔·德勒兹，克莱尔·帕尔内：同前，第 14 页。


## 第四章　占有

105 玛格丽特·尼斯：同前，第 447 页。

106 海尼·赫迪格（Heini Hediger）：《被囚禁的野生动物》

(*Wild Animals in Captivity*)，巴特沃思出版公司（Butterworths），1950 年，第 4 页，第 6 页，以下引文同。

107 这个术语可能会引起争议。史蒂芬·迪朗（Stéphane Durand）曾就此指出，很少有猛禽类是四海为家的。

108 朱利安·赫胥黎（Julian Huxley）："关于领域本能的自然实验"（A natural experiment on the territorial instinct），《英国鸟类》（*British Birds*），1934 年第 27 卷，第 270—277 页。

109 法比安娜·拉福兹：同前。

110 这条建议来自蒂博·德·梅耶在阅读这段话时的评论。2019 年 2 月 9 日的邮件。

111 大卫·拉普雅德（David Lapoujade）：《更小的存在》（*Les Existences moindres*），午夜出版社（Minuit），2017 年，第 60—61 页。

112 萨拉·瓦尼克桑（Sarah Vanuxem）：《土地所有权》，同前，第 13 页。

113 吉尔·德勒兹，费利克斯·加塔利：同前，第 391 页。

114 梅丽丝·德·盖兰嘉尔（Maylis de Kerangal）：《修复生者》（*Réparer les vivants*），伽俐玛出版社（Gallimard），"垂直"文丛（Verticales），2014 年，第 170—171 页。

## 对 位

115 西尔玛·罗威尔（Thelma Rowell），选自文西安娜·德普雷（Vinciane Despret），迪迪埃·德莫尔西（Didier Demorcy）：《不胆怯的绵羊》（*Non Sheepish Sheep*），这是为"将事情公之于众——民主氛围"这一展览而摄制的纪录片［由布鲁诺·拉图尔和彼得·魏贝尔（Peter Weibel）指导］，德国卡尔斯鲁厄市 ZKM 艺术与媒体中心，2005 年春。

116 珍妮佛·艾克曼（Jennifer Ackerman）：《鸟类的天赋》（*Le Génie des oiseaux*），阿歇特出版公司（Hachette），"秃鹳科学与自然"文丛（Marabout Sciences & Nature），2017 年。

117 新版《在世界的边缘跳舞》（*Dancing at the Edge of the World*），格罗夫出版公司（Grove Press），1989 年。

118 参见文西安娜·德普雷：《当狼羊同住》（*Quand le loup habitera avec l'agneau*），门槛出版社（Seuil），2002 年。

## 第五章　攻击

119 亨利·艾略特·霍华德：同前，第 79 页，第 80 页，以下引文同。

120 玛格丽特·尼斯：同前，第 468 页，第 469 页。

121 朱迪·斯坦普斯，维什·克里希南（Vish Krishnan）："领域性动物如何竞争可分割的空间：一个基于学习的模型"（How territorial animals compete for divisible space: a learning based model），《美国博物学家》（*The American Naturalist*），2001 年 2 月第 157 卷，第 154—169 页。

122 罗纳德·C. 伊登伯格（Ronald C. Ydenberg），卢卡·A. 吉拉尔多（Luca A. Giraldeau），布鲁斯·J. 福尔斯（Bruce J. Falls）："邻居、外来者和不对等的消耗战"（Neighbours, strangers and the asymmetric war of attrition），《动物行为》（*Animal Behaviour*），1988 年第 36 卷，第 343—347 页。

123 朱迪·斯坦普斯，维什·克里希南：同前，第 165 页。

124 蒂博·德·梅耶，2019 年 1 月 24 日的邮件。

125 让-马里·舍费尔（Jean-Marie Schaeffer）：《代价高昂的信

号理论、美学和艺术》（*Théorie des signaux coûteux, esthétique et art*），相切出版社（Tangence éditeur），"汇集"文丛（Confluences），2009 年。

126 詹姆斯·费希尔（James Fisher）："进化与鸟类的社会性"（Evolution and bird sociality），选自由 J. 赫胥黎（J. Huxley）、A. C. 哈代（A. C. Hardy）、E. B. 福特（E. B. Ford）责编的《作为一个过程的进化》（*Evolution as a Process*），艾伦与昂温出版有限公司（Allen & Unwin），1954 年，第 71—83 页。

127 弗兰克·弗雷泽·达令（Frank Fraser Darling）："社会行为与生存"（Social behavior and survival），《海雀》（*Auk*），1952 年第 69 卷，第 183—191 页。

128 2019 年 2 月 9 日的邮件。蒂博·德·梅耶在与我邮件交流时提出了这些主张。

## 对　位

129 乔治·夏勒（George Schaller）为雪莉·斯特鲁姆（Shirley Strum）的作品《近乎人类：狒狒世界之旅》（*Presque humain. Voyage chez les babouins*）写的序言，［弗朗索瓦·西蒙·迪诺（F. Simon Duneau）译］，伊夏尔出版社（Eshel），1990 年。

130 雪莉·斯特鲁姆，布鲁诺·拉图尔："重新定义社会联系：从狒狒到人类"（Redefining the social link: from baboons to humans），《社会科学信息》（*Social Sciences Informations*），1987 年 4 月第 26 卷，第 783—802 页，第 788 页。

131 吉尔·德勒兹：《本能与制度》（*Instincts et institutions*），阿歇特出版公司（Hachette），"哲学文本与文献"文丛（Textes et documents philosophiques），1953 年，引文来自第

VIII 和第 IX 页。我要感谢列日大学政治学研究小组的同事们，特别是弗洛伦斯·卡伊梅克斯（Florence Caeymaex）、爱德华·德鲁伊勒（Édouard Delruelle）、安托瓦内·让维耶（Antoine Janvier）、热罗姆·弗拉斯（Jérôme Flas）和费哈特·塔伊兰（Ferhat Taylan），他们非常慷慨地讨论和评论了我的初步研究，并提出了建议，还提供了一些令人振奋的线索，其中就包括德勒兹的这篇文章。

132 吉尔·德勒兹：同前，第 X 和第 XI 页。

133 雪莉·斯特鲁姆："达尔文的猴子：为什么狒狒不能成为人类"（Darwin's monkey: Why baboons can't become humans），《体质人类学年鉴》（*Yearbook of Physical Anthropology*），2012 年第 55 卷，第 3—23 页，第 14 页。

134 同前，第 12 页。

135 同前，第 13 页。

136 布鲁诺·拉图尔为雪莉·斯特鲁姆的《近乎人类：狒狒世界之旅》写的后记，同前。

137 在这一方面可以参考唐娜·哈拉维：《灵长类视觉：现代科学世界中的性别、种族和自然》（*Primates Visions: Gender, Race, and Nature in the World of Modern Science*），维索图书（Verso），1992 年。还可以参考由雪莉·斯特鲁姆和琳达·费迪根（Linda Fedigan）联合指导的一本书《灵长类动物的遭遇：科学、性别和社会的模型》（*Primate Encounters: Models of Science, Gender and Society*）中的一篇文章"对灵长类社会看法的变化：一个来自北美的观点"（Changing views of primate society: A situated North American view），芝加哥大学出版社（University of Chicago Press），2000 年，第 3—49 页。

## 第六章　复调乐谱

138 卢卡·梅利尼（Luca Merlini）："建筑指标"（Indices d'architectures），《马拉盖杂志》（*Revue Malaquais*），2014年1月，《传递》（*Transmettre*），第 9 页。

139 雅克-伊夫·库斯托（Jacques-Yves Cousteau），弗雷德里克·杜马（Frédéric Dumas）：《沉默的世界》（*Le Monde du silence*），巴黎出版社（Éditions de Paris），1953 年。

140 迈克·汉塞尔（Mike Hansell）：《动物建造：动物建筑的自然史》（*Built by Animals: The Natural History of Animal Architecture*），牛津大学出版社（Oxford University Press），2008 年，第 56 页。

141 埃蒂安·苏里奥：同前，第 88 页。

142 首先，因为在之前关于鸟类利他主义的研究中，林岩鹨能从其他鸟类中脱颖而出（除了一种鸟儿，即阿拉伯鸫鹛，这也是我最终决定的研究对象，参见《动物行为学理论的诞生：阿拉伯鸫鹛的舞蹈》，同前），因为它们的行为极具创造力，且有惊人的灵活性。其次，因为一位优秀的观鸟者阿尔贝·德马雷（Albert Demaret）告诉我，在我居住的城市，每年的第一天，林岩鹨都会在同一栋楼的顶部唱歌，非常准时——灵活性和可靠性，这是习惯的标志。

143 尼古拉斯·戴维斯（Nicholas Davies），阿恩·伦德伯格（Arne Lundberg）："林岩鹨的食物分配和多变的交配系统"（Food distribution and a variable mating system in the Dunnock, *Prunella modularis*），《动物生态学杂志》（*Journal of Animal Ecology*），1984 年第 53 卷，第 895—912 页。

144 瓦尔德尔·克莱德·阿利等：同前，第 393 页。

145 朱迪·斯坦普斯："领域性物种的同类相吸和聚集"
（Conspecific attraction and aggregation in territorial species），
《美国博物学家》（*The American Naturalist*），1988 年 3 月
第 131（3）卷，第 329—347 页。

146 转引自玛格丽特·尼斯：同前，第 463 页。

147 玛格丽特·尼斯：同前，第 456 页。

148 瓦尔德尔·克莱德·阿利等：同前，第 417 页。

149 朱迪·斯坦普斯：《领域行为：检验假设》，同前，第
220 页。

150 伯尼·克劳斯（Bernie Krause）：《伟大的动物管弦乐队》
（*Le Grand Orchestre animal*），弗拉马利翁出版社（Flamm-
arion），2012 年，第 110 页。2016 年 7 月 2 日至 2017 年 1
月 8 日，卡地亚当代艺术基金会为克劳斯的作品举办了一
个绝妙的同名展览——"伟大的动物管弦乐队"。

151 伯尼·克劳斯：同前，第 105 页。

152 同前，第 109 页。

153 同前，第 100 页。

154 芭芭拉·布朗夏尔·德沃尔夫（Barbara Blanchard
Dewolfe），路易·F. 巴普蒂斯塔（Luis F. Baptista），刘易
斯·佩特里诺维奇（Lewis Petrinovich）："纳托尔的白冠带
鹀的歌声发展与领域建立"（Song development and territory
establishment in Nuttall's whitecrowned sparrows），《秃鹰》
（*Condor*），1989 年第 91 卷，第 397—407 页。

155 米歇尔·克勒泽（Michel Kreutzer）提到了让-克洛德·布
雷蒙（Jean-Claude Brémont）的研究，他选择将"歌曲匹
配"（song matching）翻译为"竞争性模仿"（imitation
contestatrice），我在这里还是选择了"歌曲匹配"（chant

accordé），以避免过于强调竞争。米歇尔·克勒泽：《动物行为学》（*L'Éthologie*），法国大学出版社（PUF），"我知道什么"文丛（Que sais‑je），第 104 页。

156 巴蒂斯特·莫里佐：《与狼共栖：人与动物的外交模式》（*Les Diplomates. Cohabiter avec les loups sur une autre carte du vivant*），荒野计划出版社（Wild‑project），2016 年，第 71 页。

157 詹姆斯·费希尔："进化与鸟类的社会性"，同前，第 71—83 页。

158 罗纳德·C. 伊登伯格，卢卡·A. 吉拉尔多，布鲁斯·J. 福尔斯："邻居、外来者和不对等的消耗战"，同前。

159 埃洛迪·布丽耶费（Élodie Briefer），法妮·丽巴克（Fanny Rybak），蒂埃里·欧班（Thierry Aubin）："何时成为亲敌：邻近云雀的灵活的声音关系"（When to be a dear enemy: flexible acoustic relationships of neighbouring skylarks, Alauda arvensis），《动物行为》（*Animal Behaviour*），2008 年第 76 卷，第 1319—1325 页，第 1324 页。

160 关于秘鲁东南部可以参考查尔斯·A. 芒恩（Charles A. Munn），约翰·W. 特伯格（John W. Terborgh）："新热带觅食群中的多物种领域性"（Multi‑species territoriality in neotropical foraging flocks），《秃鹰》（*Condor*），1979 年第 81 卷，第 338—347 页；关于法属圭亚那地区可以参考马蒂尔德·朱利安（Mathilde Jullien），让‑马克·蒂奥莱（Jean‑Marc Thiollay）："新热带森林林下鸟群的多物种领域性与动态"（Multi‑species territoriality and dynamic of neotropical forest understorey bird flocks），《动物生态学杂志》（*Journal of Animal Ecology*），1998 年第 67 卷，第 227—252 页。

161 约翰·赫里尔·克鲁克 (John Hurrell Crook)："鸟类社会组织的适应性的意义"（The adaptive significance of avian social organizations)，《伦敦动物学会专题讨论会》（*Symp. Zool. Soc. London*），1965 年第 14 卷，第 182—218 页。

162 贝恩德·海因里希 (Bernd Heinrich)：《熬过冬季：动物的聪明才智》（*Survivre à l'hiver. L'ingéniosité animale*），科尔蒂出版社（Éditions Corti），"亲生命性"文丛 (Biophilia)，2018 年，第 263 页。

163 拉凯莱·玛尔维萨 (Rachele Malavasi)，阿尔莫·法里纳 (Almo Farina)："邻居的谈话：鸣禽间的合唱"（Neighbours' talk: interspecific choruses among songbirds)，《生物声学》（*Bioacoustics*），2012 年，第 1—16 页。

164 参考了多米尼克·A. (Dominique A.) 的歌曲《鸟类的勇气》（*Le Courage des oiseaux*）的标题，出自专辑《不公开发行的唱片》（*Un disquesourd*），1991 年。

## 对　位

165 卡罗琳·拉马奇 (Caroline Lamarche)：《我们处于边缘》（*Nous sommes à la lisière*），伽利玛出版社（Gallimard），2019 年，第 153 页。

## 后　记

166 J. C. 帕斯隆 (J. C. Passeron) 在《社会学推理》（*Le Raisonnement sociologique*）中描述过这一调查空间，阿尔班·米歇尔出版社（Albin Michel），1991 年。

# 附录  鸟类名称中外文对照

accenteur mouchet 林岩鹨

aigle 鹰

alouette des champs 云雀

batara ardoisé 灰喉蚁鵙（jú）

batara bleu-gris 蓝灰蚁鵙

bruant à couronne blanche 白冠带鹀

bruant chanteur 歌带鹀

bruant des roseaux 芦鹀

caille 鹌鹑

canari 金丝雀

carouge à épaulettes 红翅黑鹂

carouge de Californie 三色黑鹂

cassican flûteur 澳洲钟鹊

chardonneret d'Alger 阿尔及尔的金翅雀

colibri insigne 火喉蜂鸟

colibri 蜂鸟

combattant varié 流苏鹬

corbeau 乌鸦

drongo 卷尾鸟

euplecte monseigneur 红寡妇鸟

faisan 雉鸡

foulque macroule 白骨顶鸡

gobe-mouche noir 斑姬鹟

goéland 海鸥

grèbe huppé 凤头䴙䴘

grimpereau des jardins 短趾旋木雀

héron vert 绿鹭

hirondelle 燕子

huîtrier pie 蛎鹬

ibis 朱鹮

labbe antarctique 褐贼鸥

lagopède d'Écosse 红松鸡

manakin à col d'or 金领娇鹟

merle 乌鸫

mésange charbonnière 欧亚大山雀

mésange 山雀

moqueur 嘲鸫

mouette rieuse 红嘴鸥

oiseau jardinier 园丁鸟

oiseau marin 海鸟

oiseau vacher 褐头牛鹂

paruline des prés 草原林莺

passereau 鸣禽，燕雀

phalarope 瓣蹼鹬

pic mineur 绒啄木鸟

pie-grièche 伯劳鸟

pinson des arbres 苍头燕雀

pinson 燕雀

pouillot fiti 欧柳莺

pouillot véloce 叽咋柳莺

roitelet *à* couronne dorée 金冠戴菊

roitelet *à* triple bandeau 火冠戴菊

rossignol philomèle 夜莺

rouge-gorge européen 欧亚鸲

rouge-gorge 歌鸲

rouge-queue 赭红尾鸲

sittelle *à* poitrine rousse 红胸䴓

tétras-lyre 黑琴鸡

tisserin de Finn 巨嘴织雀

traquet kurde 石燕，红尾鸲的俗称

troglodyte des marais 长嘴沼泽鹪鹩

vanneau huppé 凤头麦鸡

vautour 秃鹫

viréo *à* gorge jaune 黄喉莺雀

viréo *à* œil rouge 红眼莺雀

## 图书在版编目（CIP）数据

像鸟儿一样居住 /（比）文西安娜·德普雷著；陈
赛娅译. — 上海：东方出版中心，2024.1
ISBN 978-7-5473-2325-0

Ⅰ.①像… Ⅱ.①文…②陈… Ⅲ.① 鸟类—普及读
物 ②哲学—普及读物 Ⅳ.①Q959.7-49 ②B-49

中国国家版本馆CIP数据核字（2024）第002708号

HABITER EN OISEAU
By VINCIANE DESPRET
© ACTES SUD, 2019
Simplified Chinese Edition arranged through S.A.S BiMot Culture, France
Simplified Chinese Translation Copyright © 2024 by Orient Publishing Center.
ALL RIGHTS RESERVED.

上海市版权局著作权合同登记：图字09-2024-0281

## 像鸟儿一样居住

著　　　者　[比]文西安娜·德普雷
译　　　者　陈赛娅
责任编辑　时方圆
装帧设计　付诗意

出　版　人　陈义望
出版发行　东方出版中心
地　　　址　上海市仙霞路345号
邮政编码　200336
电　　　话　021-62417400
印　刷　者　上海盛通时代印刷有限公司

开　　　本　787mm×1092mm　1/32
印　　　张　7.125
字　　　数　120千字
版　　　次　2024年9月第1版
印　　　次　2024年9月第1次印刷
定　　　价　55.00元